3D 打印丛书

3D 打印

实 训 教 程

褚红燕　程继红　刘益剑 | 著
杨继全 | 主审

U0264622

南京师范大学出版社
NANJING NORMAL UNIVERSITY PRESS

图书在版编目(CIP)数据

3D 打印实训教程 / 褚红燕，程继红，刘益剑著. ——
南京：南京师范大学出版社，2018.9
（3D 打印丛书）
ISBN 978 - 7 - 5651 - 3775 - 4

Ⅰ. ①3… Ⅱ. ①褚… ②程… ③刘… Ⅲ. ①立体印
刷—印刷术—教材 Ⅳ. ①TS853

中国版本图书馆 CIP 数据核字(2018)第 145891 号

丛 书 名	3D 打印丛书
书 名	3D 打印实训教程
编 著	褚红燕 程继红 刘益剑
主 审	杨继全
策划编辑	郑海燕 王雅琼
责任编辑	翟姗姗
出版发行	南京师范大学出版社
地 址	江苏省南京市玄武区后宰门西村 9 号(邮编：210016)
电 话	(025)83598919(总编办) 83598412(营销部) 83598297(邮购部)
网 址	http://www.njnup.com
电子信箱	nspzbb@163.com
照 排	南京理工大学资产经营有限公司
印 刷	南京玉河印刷厂
开 本	787 毫米×960 毫米 1/16
印 张	13
字 数	213 千
版 次	2018 年 9 月第 1 版 2018 年 9 月第 1 次印刷
书 号	ISBN 978 - 7 - 5651 - 3775 - 4
定 价	40.00 元

出 版 人 彭志斌

前　言

　　3D打印技术是一门综合性、实践性、创新性很强的技术,它综合了机械学科、材料学科、计算机学科、化学学科、艺术学科等等,因此3D打印技术的发展离不开多学科的协同发展。

　　《3D打印实训教程》是一本实践类教材,既可以作为单独的实训教程,也可以作为理论教学课程的实践类补充。编写本书的目的是使学生加强和巩固对3D打印系列课程的基本原理的理解和掌握,从实践的角度帮助学生正确掌握三维建模、三维扫描与打印的基本操作和基本技能,掌握各类三维打印设备的工作流程,了解并熟悉一些大型仪器的使用方法,培养学生严谨的科学态度,提高他们的动手能力及对实验数据的分析能力,使其初步具备分析问题、解决问题的能力,为学生后续专业课程的学习及完成学位论文和走上工作岗位后参加科研、生产奠定必需的理论和实践基础。

　　本书在编写过程中参考了大量的相关资料,除每章末注明的参考文献外,其余的参考资料主要有:公开出版的各类报纸、期刊和书籍以及互联网上的资料。本书中所采用的图片、模型等素材,均为所属公司、网站或个人所有,本书引用仅为说明之用,绝无侵权之意,特此申明。在此向参考资料的各位作者表示谢意。

　　本书由南京师范大学褚红燕、程继红与刘益剑编写,其中第二、三、四、五章由褚红燕编写,第一章由刘益剑编写,第六章由程继红编写。南京师范大学三维打印装备与制造重点实验室的部分研究生和本科生对本书的资料收集、模型设计做出了很大贡献,他们是宁婕妤、高晓蕾、戴鑫、司云强等,在此一并表示感谢。本书得到国家自然科学基金(61603194)、江苏省高校自然科学基金(16KJB120002、17KJB510031)的资助。限于作者水平,错误和不当之处在所难免,敬请读者谅解并批评指正!

目 录

第一章　3D 打印的发展历程与技术简介

1.1　论 3D 打印的发展历程

1.1.1　3D 打印技术名词的由来

在 1995 年之前,"3D 打印"这个名称还不存在,那时比较为研究领域所接受的名称是"快速成型"。1995 年,美国麻省理工学院(MIT)的两名大四学生 Jim 和 Tim 以便捷的快速成型技术作为毕业论文题目。两人经过多次讨论和探索,想到利用当时已经普及的喷墨打印机。他们把打印机墨盒里面的墨水替换成胶水,用喷射出来的胶水来黏结粉末床上的粉末,结果可以打印出一些立体的物品。他们兴奋地将这种打印方法称作"3D 打印"(3D Printing),将他们改装的打印机称作"3D 打印机"。此后,"3D 打印"一词慢慢流行,所有的快速成型技术都归到 3D 打印的麾下[1]。

1.1.2　3D 打印技术的国外发展历史

RP(Rapid Prototyping)技术于 1979 年起源于日本,东京大学生产技术研究所的中川威雄教授发明了叠层模型。1980 年,小玉秀男又提出了光造型法并于 1987 年进行产品试制。① 1986 年,美国人 Charles W. Hull 成立了世界上第

---

① 虽然日本人研究出 3D 打印的一些方法,但是此后 20 多年的时间里,把这些科学方法转化为实际用途的都是美国人。

一家生产 3D 打印设备的公司——3D Systems（NYSE：DDD）。[①] 同时，他又研发出了现在通用的 STL 文件格式。

也是在 1988 年，美国人 Scott Crump 发明了一种新的更廉价的 3D 打印技术——熔融沉积成型技术（FDM）。该工艺适合于产品的概念建模及形状和功能测试，但不适合制造大型零件。

1989 年，美国得克萨斯大学奥斯汀分校的 C. R. Dechard 发明了选择性激光烧结（SLS）技术，这种技术的特点是选材范围广泛，比如尼龙、蜡、ABS、金属和陶瓷粉末等都可以作为原材料。1992 年，DTM 公司推出首台 SLS 打印机。

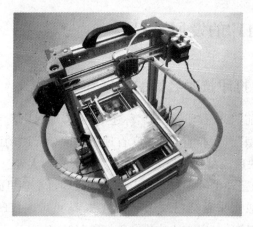

图 1-1　能自我复制的 3D 打印机

1991 年，美国人 Helisys 发明层片叠加制造技术。

1993 年，美国麻省理工学院（MIT）的 Emanual Sachs 教授发明了三维打印技术（Three-Dimension Printing，3DP），是类似于已在二维打印机中运用的喷墨打印技术。[②]

---

① 1986 年，还在 UVP 公司的 Hull 发明的立体光固化成型技术（SLA）被授予了专利，后来，Hull 离开 UVP 公司，成立一家名为"3D Systems"的公司，开始专注发展 3D 打印技术。这是世界上第一家生产 3D 打印设备的公司，而它所采用的技术当时被称为"立体光刻"，是基于液态光敏树脂的光聚合原理工作的。两年后（1988 年），Hull 生产出世界上首台以立体光刻技术为基础的 3D 打印机 SLA-250，体形非常庞大。

② MIT 发明的三维打印技术（Three-Dimension Printing，3DP）只是"3D 打印"众多成型技术中的一种而已，我们通常所说的"3D 打印"并非特指 MIT 的这项 3DP 技术。

1995 年,Z Corporation 公司获得 MIT 的许可,开始开发基于 3DP 技术的打印机。

2005 年,Z Corporation 公司推出世界上第一台高精度彩色 3D 打印机 Spectrum Z510。自此以后,3D 打印开始变得绚丽多彩。

2007 年,3D 打印服务创业公司 Shapeways 正式成立,Shapeways 公司提供给用户一个个性化产品定制的网络平台。

2008 年,第一款开源的桌面级 3D 打印机 RepRap 发布,其目的是开发一种能自我复制的 3D 打印机。RepRap 是英国巴恩大学高级讲师 Adrian Bowyer 于 2005 年发起的开源 3D 打印机项目(如图 1 - 1)。① 该项目的目标是使工业生产变得大众化,每个人都能以低成本打印 RepRap 的组装件,然后用打印机制造出日常用品。桌面级的开源 3D 打印机为轰轰烈烈的 3D 打印普及化浪潮揭开了序幕[2]。

2008 年,Objet Geometries 公司推出其革命性的 Connex500™ 快速成型系统,它是有史以来第一台能够同时使用几种不同的打印原料的 3D 打印机。

2009 年,Bre Pettis 带领团队创立了著名的桌面级 3D 打印机公司——MakerBot,MakerBot 打印机源自于 RepRap 开源项目。② MakerBot 独特之处在于其出售 DIY 套件,购买者可自行组装 3D 打印机。这为国内的创客进行仿造工作提供了条件,个人 3D 打印机产品市场由此蓬勃兴起。

2010 年 12 月,Organovo 公司,一个注重生物打印技术的再生医学研究公司,公开首次利用生物打印技术打印完整血管的数据资源。

2011 年,英国南安普敦大学的工程师们设计和试驾了全球首架 3D 打印的飞机。这架无人飞机的建造用时 7 天,耗费 5 000 英镑。3D 打印技术使得该飞机能够采用椭圆形机翼,有助于提高空气动力效率;若采用普通技术制造此类机翼,通常成本较高。

2011 年,Kor Ecologic 公司推出全球第一辆 3D 打印的汽车 Urbee。它是史上第一台用巨型 3D 打印机打印出整个车身的汽车,它的所有外部组件也由 3D 打印制作完成。

---

① 值得一提的是,RepRap 打印机创始人 Adrian Bowyer 之前的研究领域是 3D 数字化几何建模。
② Makerbot 双喷头成型机是 FDM 工艺 3D 打印设备中近几年所推出的一款设备,该打印设备可实现双头打印,其尺寸为 320 mm×467 mm×381 mm,打印精度为 0.1—0.2 mm,层厚在 0.1—0.4 mm 之间。

2011 年 7 月,英国研究人员开发出世界上第一台 3D 巧克力打印机。

2011 年,i. materialise 公司成为全球首家提供 14K 黄金和标准纯银材料打印的 3D 打印服务商。这在无形中为珠宝首饰设计师们提供了一个低成本的全新生产方式。

2012 年,荷兰医生和工程师们使用 LayerWise 制造的 3D 打印机,打印出了一个定制的下颚假体。然后将其移植到了一位 83 岁的患有慢性骨感染的老太太身上。目前,该技术被用于促进新的骨组织生长。

2012 年,英国著名经济学杂志 *The Economist* 封面文章声称 3D 打印将引发全球第三次工业革命。

2012 年 3 月,维也纳大学的研究人员宣布其利用双光子光刻技术(Two-Photon Lithography)突破了 3D 打印的最小极限,并展示了一辆不到 0.3 mm 的赛车模型。

2012 年 3 月,美国总统奥巴马提出投资 10 亿美元在全美建立 15 家制造业创新研究所。

2012 年 7 月,比利时的 International University College Leuven 的一个研究组测试了一辆几乎完全由 3D 打印制造的小型赛车,车速达到了 140 km/h。

2012 年 9 月,3D 打印的两个领先企业 Stratasys 公司和以色列的 Objet 公司宣布进行合并,合并后的公司名仍为 Stratasys,进一步确立了 Stratasys 公司在高速发展的 3D 打印及数字制造业中的领导地位。

2012 年 10 月,来自 MIT 的团队成立了 Formlabs 公司,并发布了世界上第一台廉价且高精度的 SLA 个人 3D 打印机 Form 1。国内的创客也由此开始研发基于 SLA 技术的个人 3D 打印机。

2012 年 11 月,苏格兰科学家利用人体细胞首次用 3D 打印机打印出人造肝脏组织。

2013 年 5 月,美国分布式防御组织发布全世界第一款完全通过 3D 打印制造的塑料手枪(除了撞针采用金属),并成功试射。同年 11 月,美国 Solid Concepts 公司制造了全球第一款 3D 全金属手枪,采用 33 个 17-4 不锈钢部件和 625 个铬镍铁合金部件制成,并成功发射 50 发子弹。

2013 年,美国的两位创客(父子俩)开发出家用金属 3D 打印机,其基于液体金属打印(LMJP)工艺,价格将低于 10 000 美元。同年,美国的另外一个创客团队开发了一款名为 Mini MetalMaker(小型金属制作者)的桌面级金属 3D 打印机,主要打印一些小型的金属制品,比如珠宝、金属链、装饰品、小型金属零件等,售价仅为 1 000 美元。

2013 年 8 月,美国国家航空航天局(NASA)测试 3D 打印的火箭部件,结果显示其可承受 2 万磅推力,并可耐 6 000 华氏度的高温。

2013 年,麦肯锡公司将 3D 打印列为影响人们生产组织模式和社会生活的 12 项颠覆性技术之一,并预测到 2025 年,3D 打印对全球经济的贡献价值将达到 2—6 千亿美元。

2014 年 7 月,美国南达科塔州一家名为 Flexible Robotic Environments (FRE)的公司公布了最新开发的全功能制造设备 VDK6000,兼具金属 3D 打印(增材制造)、车床(减材制造,包括铣削、激光扫描、超声波检具、等离子焊接、研磨/抛光/钻孔)及 3D 扫描功能。

2014 年 8 月,国外一名年仅 22 岁的创客 Yvode Haas 推出了基于 3DP 工艺的桌面级 3D 打印机 Plan B,技术细节完全开源,自己组装的费用仅需 1 000 欧元。

2014 年 10 月,国外 3 名创客成立的 Sintratec 公司推出了一款基于 SLS 工艺的 3D 打印机,售价仅为 3 999 欧元。

2015 年 3 月,美国 Carbon3D 公司发布一种新的光固化技术——连续液态界面制造(Continuous Liquid Interface Production,CLIP):利用氧气和光连续地从树脂材料中逐出模型。该技术比当时任意一种 3D 打印技术要快 25—100 倍。

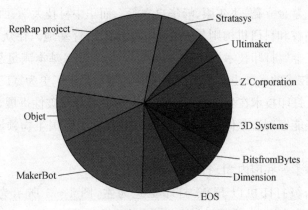

图 1-2　国外产品的大致市场份额

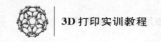

1.1.3 3D 打印的国内研究动态

中国从 1991 年开始研究 3D 打印技术,国际上几种成熟的工艺:分层实体制造(LOM)、激光光固化(SLA)、熔融挤压(FDM)、激光烧结(SLS)等,国内也在不断跟踪开发。2000 年前后,这些工艺从实验室研究逐步向工程化、产品化转化。

由于做出来的只是模型,而不是可以使用的产品,因此快速成型技术在中国工业领域普及得很慢,全国每年仅销售几十台快速成型设备,主要应用于高校及职业技术培训等教育领域。

2000 年以后,清华大学、华中科技大学、西安交大等高校继续研究 3D 打印技术。西安交大侧重于应用,做一些模具和航空航天的零部件;华中科技大学开发了多种 3D 打印设备;清华大学把快速成型技术转移到企业——殷华(后改名为太尔时代)后,把研究重点放在了生物制造领域。

2012 年,中国 3D 打印技术产业联盟正式宣告成立。国内各类媒体开始铺天盖地地报道 3D 打印的新闻。

2012 年 11 月,中国宣布成为世界上唯一掌握大型结构关键件激光成型技术的国家。

目前国内的 3D 打印设备和服务企业一共有 20 多家,规模都较小。一类是 20 年前就开始技术研发和应用,如北京太尔时代、北京隆源、武汉滨湖、陕西恒通等,这些企业都有自身的核心技术。另一类是 2010 年左右成立的,如湖南华曙、先临三维、紫金立德、飞尔康、峰华卓立等。而华中科技大学、西安交通大学、清华大学等高校和科研机构则是重要的 3D 技术培育基地。在众多 3D 打印技术中,3D 激光金属打印技术发展最为迅速,其加工技术基本满足复杂零部件的性能要求,该技术的发展也为我国航天装备的制造带来了更为宽广的加工条件。与此同时,3D 打印技术在生物细胞方面的应用也取得突破性进展,目前我国 3D 打印技术已经能够制造立体的仿真生物组织,推动了我国生物领域和医学领域的发展和进步。

下面列举了一些国内 3D 打印的系列产品[3,4]。

其中桌面级打印机以 FDM 打印工艺为主,图 1 – 3 所示为先临三维的 Einstart – S 系列桌面机,成型材料为类 ABS 材料 PLA(环保可降解塑料),成型尺寸为 160 mm×160 mm×160 mm。

图 1-3 桌面级打印机代表产品

图 1-4 工业级打印机代表产品

图 1-4 所示为工业级 3D 打印机 iSLA-650 Pro,打印工艺为 SLA 激光光固化,成型材料为光敏树脂,成型尺寸为 650 mm×600 mm×400 mm。

图 1-5 所示为齿科应用范围最广的一款多功能型模型 3D 打印设备,打印工艺为 SLA 激光光固化,可全面制作口腔内扫描数据模型、种植导板、蜡型冠、支架、软质牙龈、保持器等齿科模型,成型材料均为 405 nm 树脂(牙模,蜡,种植导板,印模托等),成型尺寸为 144 mm×81 mm×200 mm。

图 1-5 生物打印产品 Dentlab One

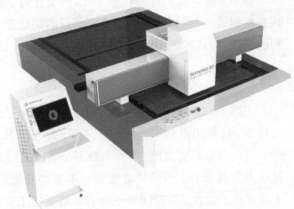

图 1-6 工业级玻璃激光内雕产品

图 1-6 所示为大幅面玻璃激光内雕机,最大雕刻范围为 1 000 mm×

1 200 mm×90 mm,可做深度浮雕,在大幅面的普通玻璃、超白玻璃里雕刻平面2D与3D立体效果的精美图案。

截至2012年,从设备数量上看,美国各种3D打印设备的数量占全世界的40%,而中国只有8%左右。国内3D打印在过去20年发展比较缓慢,主要原因是在技术上存在瓶颈:

(1) 材料的种类和性能受限制,特别是使用金属材料制造还存在问题;

(2) 成型的效率需要进一步提高;

(3) 在工艺的尺寸、精度和稳定性上急需加强。

随着美国"再工业化、再制造化"口号的呼喊,3D打印所打造的少劳动力制造将给美国带来极大的发展动力。而中国与美国的差距主要表现在:

(1) 产业化进程缓慢,市场需求不足;

(2) 国内3D打印产品的快速制造水平比美国低;

(3) 烧结的材料尤其是金属材料,质量和性能低于美国;

(4) 激光烧结陶瓷粉末、金属粉末的工艺方面与美国比还有一定差距;

(5) 国内3D企业的收入结构单一,主要靠卖3D打印设备,而美国的3D公司是多元经营,设备、服务和材料基本各占销售收入的1/3。

在全球3D模型制造技术的专利实力榜单上,美国3D Systems公司、日本松下公司和德国EOS公司遥遥领先。

展望未来,3D打印是以数字化、网络化为基础,以个性化、短流程为特征,实现直接制造、桌边制造和批量定制的新的制造方式。其生长点表现在:与生物工程的结合,与艺术创造的结合,以及与消费者的直接结合。

1.1.4 总结

正如200多年前瓦特发明了蒸汽机,拉开了近代工业革命的序幕一样,许多人认为3D打印也将引发一场工业革命,甚至其本身的出现就是第三次工业革命。但是我们不要忽略,实际上并不是蒸汽机引发了近代工业革命,而是它使机械动力驱动成为主流的社会理念和主要的开发手段,是这一理念引发了第二次工业革命。因此3D打印并不会引发第三次工业革命,它要促生新的产业革命,必须通过诱发新的人类理念转化来实现。

思考题

1. 列表说明国内外 3D 打印的发展历程。
2. 根据图 1-5,说明各种产品所采用的成型工艺。
3. 说说 3D 打印技术在自己的日常学习和生活中所带来的影响。

参考文献

[1] http://www.360doc.com/content/17/0305/19/51704_634224282.shtml.
[2] http://www.RepRap.org.
[3] http://www.shining3d.com/3d_printing.html.
[4] https://www.tiretime.com.

1.2　3D 打印的应用领域

周功耀教授曾经说过:"3D 打印'无处不在''无所不能'。"3D 打印的应用涉及方方面面[1],衣、食、住、行因为 3D 打印的出现而有了新的特色和时代创新。3D 打印在各行各业的应用,极大地加速了设计过程,提高了设计效率,从而降低了制造成本。

1.2.1　纺织行业

3D 打印技术的出现给纺织行业带来了革命性的变化,"天衣无缝"不再是传说。以前常用的 3D 打印材料是 ABS 和 PLA,虽然两种都是无毒无害的,但是人体穿戴上依旧会有不适感,所以目前的大部分 3D 打印经常只能制造一些模特的造型展示服装和一些配饰(如图 1-7、图 1-8 所示)。伴随着 3D 打印技术的不断进步以及纺织材料的日益创新,再加上人体测量以及 CAD 等其他相关技术的发展,服装设计领域将会提供完全自动化的定制服务。不久的将来,也许我们不再需要去商店试穿衣服,或者不再会遇到网上淘的衣服试穿后不合适的麻烦,我们只需要购买能 3D 打印的材料,挑选合适款式的打印文件,就可以

DIY 自己的衣服了[2]。

图 1-7　3D 打印的衣服　　　　　　　　图 1-8　3D 打印的装饰品

1.2.2　食品行业

没错,就是"打印"食品。研究人员已经开始尝试打印巧克力了。或许在不久的将来,很多看起来一模一样的食品就是用食品 3D 打印机"打印"出来的。当然,到那时人工制作的食品可能会贵很多倍。

1.2.2.1　3D 打印在食品领域的应用

2014 年初,3D Systems 公司与著名巧克力品牌好时合作,开发了全新的食物 3D 打印机,可以支持巧克力、糖果等零食打印(如图 1-9、图 1-10 所示)。与此同时,一家英国公司 Choc Edge 研发出巧克力边打印机,售价为 4 783 美元(约合人民币 28 970 元),巧克力注射器成本则为 25 美元(约合人民币 151 元),可以打印蛋糕装饰的巧克力边。

2013 年,美国宇航局 NASA 投资 12.5 万美元委托 Anjan Contractor 和他的系统/材料研究公司研发了一款 3D 食物打印机,这款 3D 食物打印机由一种名为 RepRap 三维打印机改装而成,所使用的 Pizza 打印材料不是我们熟悉的面粉,而是营养粉、油和水。而这些营养粉的制造原料是昆虫、草和水藻。打印机首先会在加热板上打印面饼,然后将番茄、水和油打印上去,最后再在表面上打印一个"蛋白层",简单美味又营养。相对有优势的是,原材料的营养粉保质期长达 30 年,适合长距离的空间旅行。

图 1-9 3D打印巧克力

图 1-10 3D打印糖果

2014年,Natural Machine公司推出一款Foodini 3D打印机,售价为1 400美元(约合人民币8 480元),可以打印很多带馅的食物,如意大利方饺。它首先会打印出食物的框架,然后再将内馅注入其中,你唯一需要做的事就是把它煮熟。不仅如此,Foodini 3D打印机还非常多才多艺,可以打印出鹰嘴豆块、汉堡肉饼等多种食物(如图1-11、图1-12所示)。

图 1-11 3D打印太空Pizza

图 1-12 3D打印带馅食品

3D打印给老年人带来了福音,2014年5月份,德国科技公司Biozoon推出了一种叫"Smoothfood"的3D打印食品,以解决老人的进食困难问题。所谓的"Smoothfood",就是将食品原料液化并凝结成胶状物,然后通过3D打印技术制造出各种各样的食物,这种食物很容易咀嚼和吞咽(如图1-13、图1-14所示)。

图 1-13　3D 打印南瓜

图 1-14　3D 打印猪肉、卷心菜和土豆

1.2.2.2　营养品的定制

现实生活中,由于不同人群的口味偏好、饮食习惯、营养需求各不相同,再加上营养食谱操作不便,因此大部分人很难通过饮食实现全面的营养物质补充,于是便催生了保健品,其主要通过将各种人体必需的营养物质制成胶囊、片剂、口服液等形式,在正餐之外单独服用。但是由于个体对营养元素需求的差异性与常规保健品的规范性,使得常规的营养品在给人提供补充时无法满足个体的差异,但是三维打印技术的出现使得营养品的定制成为了可能。我们只需要将各种营养物质按个人的需要配比,调制成打印材料,按需打印即可。如图 1-15、图 1-16 所示是 Nufood 3D 食物打印机打印的胶囊。

图 1-15　3D 打印胶囊[3]

图 1-16　3D 打印存储胶囊[4]

1.2.3　航空航天工业

利用 3D 打印技术,波音公司已经制造了大约 300 种不同的飞机零部件,目

前波音公司正在研究利用 3D 打印技术打印出诸如机翼等更大型的产品。航天业巨头空客公司也试图利用 3D 打印技术制造飞机机舱,目前采用 3D 打印技术打印的行李架在空客 A350 上已有应用。在我国自主研发的 C919 大型客机中,3D 打印用于制造飞机钛合金部件,如图 1 - 17 所示的 C919 的钛金属翼梁便是由 3D 打印而成。

中国的 3D 打印技术在航空航天领域至少有两处领先于美国:

第一,中国现在能用 3D 打印技术制造 12 平方米以上的飞机用大型结构件;

第二,中国用 3D 打印技术加工的飞机用钛合金结构件,其抗疲劳强度、耐腐性能、耐用性,均已超过锻造件,而美国用 3D 打印技术生产出来的产品,比中国的同类产品逊色。

图 1 - 17　国产干线客机 C919 [7]

1.2.4　家居及建筑行业

在 3D 打印技术出现初期,打印机的规格大,功能单一,多应用于大型工厂、企业中,在家庭内应用很少。经过 20 多年技术革新,打印机逐渐向小型化、轻便化方向发展。在家居行业中,3D 打印已经有了部分应用,在打印玩具、食品方面已经取得了成功,在家具行业的探索也正在展开。

3D 打印在建筑领域的应用有两个方面:一是打印建筑物模型,如 Materialise 等公司提供打印微型家庭模型服务;二是打印建筑物各个组块,最终拼接成整体建筑(如图 1 - 18、图 1 - 19 所示)。荷兰的建筑设计师 Janjaap Ruijssenaars 设计了全球第一座 3D 打印建筑物"Landscape House",该建筑物特别模拟了奇特的"莫比乌斯环"。设计师计划通过 3D 打印建筑物组块并拼接的方式建成该建筑物。

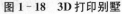

图 1-18　3D 打印别墅　　　　　图 1-19　3D 打印出来的辟邪雕塑

子曰:"工欲善其事,必先利其器。"3D 打印这个锋利的武器与建筑行业相结合,定将带来更好的效果。与传统建筑物相比,3D 打印建筑物具有以下特点[6]:

(1)打印速度快,无须人工支模,就能直接将 CAD 图纸变成实体建筑,从而提高生产效率并降低生产成本;

(2)绿色环保,打印房屋时采用内波纹墙体,增加强度(强度是传统建筑的3—5 倍)的同时,在内部加入聚氨酯等保温隔热材料,也可以提高房屋的舒适度,真正做到冬暖夏凉、低碳、环保;

(3)外形多元,3D 打印技术无须将房屋设计成方形,外形可以"随心所欲"地设计成平面或曲面造型。

2017 年 8 月,中国首个 3D 打印建筑研究院——嘉翼数字化增材技术研究院入驻江苏南京,其原材料来源于建筑垃圾,可以循环使用,而数字化建造方式可以通过电脑图纸直接转换成建筑,减少了人工工作量,降低了成本。也是在2017 年 8 月,一幢耗时仅 24 小时的两层别墅矗立在了杭州,能打印出如此庞大的建筑物想必相应的打印机器也很大。据悉,该机器尺寸为 15 米宽,7 米高,号称世界上最大的建筑 3D 打印机。3D 打印建筑正如火如荼地向我们走来。

1.2.5　军事领域

3D 打印在军事领域中的应用广泛,中国第一款舰载战斗机歼-15、多用途战斗轰炸机歼-16、隐形战斗机歼-20、歼-31 的研发均大量采用了 3D 打印技术。使用 3D 打印机制造的步枪、左轮手枪也已经诞生。美国军方运用 3D 打印技术辅助制造导弹点火模型,并将 3D 打印技术用于发动机及军事卫星零件的加工制造。GE 中国研发中心的工程师们也在埋头研究 3D 打印技术,他们刚刚用 3D 打印机成功"打印"出了航空发动机的重要零部件。与传统制造方式相比,这一技术将使该零件的成本缩减 30%,制造周期缩短 40%。来不及庆祝这一喜人成果,他们就又匆匆踏上了新的征程。鲜为人知的是,他们已经"秘密"研发 3D 打印技术十年之久了。

1.2.6　教育事业

"一个曾经被关闭的仓库现如今成了最先进的实验室,在那里,新的工人正努力掌握 3D 打印技术,这一技术将可能变革我们制造几乎每件东西的方式。"奥巴马说。教育系统可能需要让这一切发展得更快。因为对 3D 打印机的预测与它们可以带来何种改变的现实之间的时间差距正在快速缩小。3D 打印适用于创意设计,未来会走入学校和家庭,帮助孩子培养三维思维能力和创造性(如图 1-20、图 1-21 所示)。应让学生做好准备,以迎接制造业新的未来。

图 1-20　3D 打印培训室　　　　图 1-21　FDM 设备走进课堂

从个人的角度,简要说说 3D 打印带来的机遇和挑战,以及我们该如何为之准备。

参考文献

[1] 周功耀,罗军. 3D 打印基础教程[M]. 北京:东方出版社,2016.

[2] 尹菁敏. 3D 打印技术对于服装设计影响分析[J]. 山东工业技术,2017(9):274.

[3] https://tieba. baidu. com/p/4891801005.

[4] http://www. dayinpai. com/model/detail/14679398134.

[5] https://www. icax. org/forum. php? mod=viewthread&tid=911615.

[6] http://info. ec. hc360. com/2017/08/301002913104. shtml.

[7] http://www. toutiao. com/i6353557570610790913.

1.3　3D 打印材料

　　很多人认为 3D 打印机是 3D 打印技术的关键,但实际上 3D 打印机和传统打印机大体上是一致的,都是由控制组件、机械组件、打印端以及耗材等架构组成,其中,耗材才是真正堪称关键的改变。在此之前,普通打印机的耗材主要是纸张和墨水,而 3D 打印机可以应用金属材料、非金属材料、合成材料及天然生物材料等按设计要求打印各种三维原型。

1.3.1　打印材料概述

　　3D 打印材料可以分为金属材料、非金属材料、合成材料及天然生物材料等。其种类、牌号、熔点、特性和应用领域等详见表 1、表 2、表 3 和表 4。

表 1　金属材料

类型	大类	牌号	熔点(℃)	特性	应用领域
金属材料	铝基合金	AlSi12	575—585	轻量化、合金性能优良、良好的加工性和导电性	航空航天、汽车、机械工业等
		AlSi10	575—590		
		AlSi10Mg	575—590		
		AlSi7Mg	575—590		
		6061	580—650		
	钛基合金	CPTi	1 668	高强度、轻质量、高抗腐蚀性、生物相容性好、热膨胀小、机械加工性好	医用植入物、航空航天、航海等
	铜基合金	Ti6Al4V	1 635—1 665		
		Ta15	1 800		
	钴基合金	Ti6Al7Nb	1 630—1 680		
		CuSn10	999	良好的导电性、导热性、耐腐蚀性、延展性	电工器材、导热器材等
		CuAl1	1 083		
	镍基合金	CoCrMo	1 410—1 450	高韧性、高强度、生物相容性好、高抗腐蚀性	齿科、医用植入物等
		CoCrW	1 260—1 482		

（续表）

类型	大类	牌号	熔点（℃）	特性	应用领域
金属材料	高强钢	IN718	1 260—1 320	高抗腐蚀性、机械性能优越、优良的焊接性	航空航天、核工业、机械工业等
		IN625	1 290—1 350		
		GH3536	1 295—1 381		
	铁基合金	30CrMnSiA	1 380	具有很高的强度和足够的韧性、良好的加工性，加工变形微小，抗疲劳性能好	汽车、飞机各种特殊耐磨零配件
		316L	1 371—1 399	高韧性、高强度、高抗腐蚀性、机械加工性好	压铸模、医用植入物、航海、机械工业等
		304L	1 399—1 455		
		17-4PH	1 400—1 440		
		15-5PH	1 400—1 440		
	高温单质金属	2Cr13	1 450—1 510		
		18NI300	1 426—1 460		
		H13	1 300		
		Ta（钽）	2 996	具有极高的抗腐蚀性，与人体生物兼容性好	电子行业，医用植入物
		W（钨）	3 390—3 430	具有良好的综合机械性能，硬度高、耐磨性强	切削工具、矿山工具

表2 非金属材料

类型	大类		牌号	熔点（℃）	特性	应用领域
非金属材料	聚酰胺（PA）俗称尼龙	PA12	PA12粉末材料	183	拉伸强度46 MPa，拉伸模量1 602 MPa，韧性好	功能性验证，医疗，汽车领域等
			PA12玻璃微珠复合材料	183	拉伸强度44 MPa，拉伸模量2 800 MPa，模量高，性价比高	手板模型，汽车空调零部件，耐温要求高的部件等

（续表）

类型	大类	牌号		熔点(℃)	特性	应用领域
非金属材料	聚酰胺(PA)俗称尼龙	PA12	PA12 矿物纤维复合材料	183	拉伸强度 51 MPa,拉伸模量 6 130 MPa	汽车及电动工具,对耐温要求高的领域等
			PA12 碳纤维复合材料	183	拉伸强度 65 MPa,拉伸模量 4 700 MPa,强度高	耐温高、强度高的汽车或无人机零部件等
		PA11	PA11 粉末材料	190	拉伸强度 48 MPa,拉伸模量 1 600 MPa,断裂伸长率 80%,韧性好,低温抗冲性好	医疗康复辅具,工业小批量零件制造,设计功能验证,文创艺术品
			PA11 玻璃微珠复合材料	190	拉伸强度 52 MPa,拉伸模量 2 500 MPa,模量高,性价比高	工业小批量零件制造,对模量耐温要求高的功能性验证
		PA6	PA6 粉末材料	225	拉伸强度 75 MPa,拉伸模量 3 750 MPa,耐高温、强度高	汽车发动机周边耐高温部件等
	聚酰胺(PA)俗称尼龙	PA66	PA66 玻璃纤维复合材料	265	拉伸强度 80 MPa,拉伸模量 7 000 MPa,耐高温、强度高、模量高	汽车发动机周边耐高温部件等
	聚苯硫醚(PPS)	PPS 粉末材料		280	拉伸强度 55 MPa,化学稳定性好,阻燃性能好	汽车、电子、航空航天等耐高温领域等
	聚芳醚酮(PEK)	PEEK 粉末材料		342	拉伸强度 90 MPa,拉伸模量 4 250 MPa,强度高,耐高温,化学稳定性好,阻燃性能好	航空航天等耐高温领域,医疗植入物等
	聚氨酯(TPU)	FS TPU 92A (热塑性聚氨酯弹性体)		160	韧性好,拉伸强度 22 MPa	密封件、运动鞋中底等
	聚苯乙烯	PS		100(玻璃化温度)	拉伸强度 9 MPa,烧蚀残留 0.3%	精密铸造消失模
	丙烯腈—丁二烯—苯乙烯共聚物(ABS)			160—180(软化范围)	耐热性、抗冲击性、制品尺寸稳定	家电、电子消费品等

表3　合成生物材料

类型	大类	牌号	熔限(℃)/固化波长(nm)	特性	应用领域
合成生物材料	聚乳酸	PLA	熔限:155—185	生物可吸收性好、生物相容性好、耐菌性好、可加工性好	可降解医用植入物、人工脑膜、医用缝线、敷料、人工软组织补片、医用模型
	聚己内酯	PCL	熔限:59—64	生物可吸收性好、生物相容性好、可加工性好	可降解医用植入物、医用缝线、敷料、医用模型
	聚醚醚酮	PEEK	熔限:230—300	生物相容性好、生物稳定性好、力学性能好、质量轻	不可降解医用植入物、医用手术导板、骨替代物、人造颅骨、颌面骨
	光固化树脂	丙烯酰氧基类	波长:355—450	操作简便,成本低、固化速度快、节省能量、环境友好	手板模型,功能模型、齿科、人工牙、医用模型、医用手术导板
		甲基丙烯酰氧基类			
		乙烯基类			
		烯丙基			

表4　天然生物材料

类型	大类	牌号	溶剂/溶解温度(℃)	特性	应用领域
天然生物材料	天然多糖	海藻酸钠	水/25—37	天然多糖类、生物相容性好、黏性和稳定性好、温和交联性	医用辅料、填料、医用水凝胶、细胞支架
		透明质酸	水、弱酸/25—37	保湿性好、润滑性好、黏弹性好、生物相容性好、生物可吸收性好	关节润滑剂、眼科玻璃体填充物、皮肤填充物、医用辅料、医用水凝胶、细胞支架

（续表）

类型	大类	牌号	溶剂/溶解温度（℃）	特性	应用领域
天然生物材料	天然蛋白	胶原	水、弱酸/4—10	生物相容性好、天然微纤维结构、细胞交互作用好、生物可吸收、有止血作用	组织修复支架、医用填充物、止血材料、细胞支架
		明胶	水/37—90	生物相容性好、细胞交互作用好、生物可吸收、吸水性好、有止血作用	组织修复支架、医用填充物、止血材料、细胞支架
		纤维蛋白原	水/4—25	生物相容性好、天然、细胞交互作用好、生物可吸收性好、有止血作用	组织修复支架、医用填充物、止血材料、细胞支架

1.3.2　ExOne 打印案例

ExOne 公司创立于 2005 年，是从美国挤压研磨公司（该公司开发非传统机械加工方法）分支出来的一个子公司，而三维打印技术是 ExOne 的核心技术。ExOne 公司致力于为客户提供 3D 打印机和 3D 打印产品，尤其擅长使用工业领域的 3D 打印材料如砂材和金属粉末进行 3D 打印。

ExOne 采用黏合剂喷射技术打印工业级材料中的复杂部件。黏合剂喷射是一种添加物制造流程，首先，液体黏合剂选择性地沉积以凝结粉末颗粒，然后，材料打印层将黏结以形成物体，接着，工作箱下沉，播撒另一层粉末并添加黏合剂。一段时间后，通过将粉末和黏合剂分层形成部件。

利用黏合剂喷射技术能够打印包括金属、砂材和陶瓷在内的各种材料。一些材料（如砂材）无须额外处理。其他材料通常已经过固化处理并烧结，根据应用，有时还会与其他材料相互浸渗。可以采用热等静压技术来提高固体金属的密度。

黏合剂喷射与传统的纸张打印类似。黏合剂的作用与油墨类似，它在粉末层（类似于纸张）之间移动，从而形成最终产品。由于黏合剂喷射能生成固体层，因此往往被视为 3D 打印的最佳选择。

黏合剂喷射的独特之处在于，它不会在构建流程中采用热处理。其他添加物处理技术会利用热源，从而对部件产生残余应力（这些应力必须在二次后处理操作中释放)。此外,采用黏合剂喷射技术时,部件通过工作箱中的松散粉末支撑,因此无需构建板。同时,黏合剂喷射的传播速度也远胜于其他流程。黏合剂喷射能够打印较大的部件,而且在成本效率方面往往优于其他添加物制造方法。

1.3.2.1　ExOne 材料

1. 硅砂

硅砂是世界上最常见的砂材种类之一,源于石英晶体(如图 1-22 所示)。它适用范围广泛,包括制造适用于工业铸造的砂型和砂芯。使用硅砂等常见材料进行 3D 打印的好处在于,不需要在铸造厂进行任何更改。另外,与呋喃黏合剂配合使用时,它可被视为"自硬"产品,这表示打印的硅砂砂型和砂芯可立即用于铸造。

图 1-22　硅砂

2. 420 不锈钢/青铜基材

ExOne 所能打印的 420 不锈钢渗铜是包括 60% 不锈钢并熔渗 40% 青铜(90% Cu/10% Sn)的基质材料。该材料能提供良好的机械性能,适用于退火和非退火情况,可接受加工、焊接和抛光处理,并且具有出色的耐磨性(如图 1-23、图 1-24 所示)。

图 1-23　420 不锈钢/青铜基材

图 1-24　420 不锈钢加工成品

3. 陶瓷珠

陶瓷珠是铸造厂制作砂型和砂芯时使用的球形陶瓷（合成）砂（如图 1-25 所示）。它由硅酸铝构成，耐火性能极佳，并且具有较高的渗透性和较低的热膨胀性。气体容易扩散，因此降低了铸件出现气孔的可能性。陶瓷珠能与所有黏合剂兼容，尤其适用于在高热应力条件下铸造钢合金或打印砂芯。

图 1-25　陶瓷珠

4. 镍铬铁合金 625

ExOne 所能打印的 Alloy IN 625 材料是几乎完全致密的奥氏体镍铬超耐热合金（如图 1-26 所示）。该材料能在极端高温和低温下提供出色的机械性能。此外，它在 1 050 ℃ 的高温下依然能保持较高的抗氧化性。该材料对硝酸、磷酸、硫酸和盐酸等各类酸以及碱性物质具有良好的耐受力，能够制作具有高传热功能的薄壁结构件（如图 1-27 所示）。

图 1-26　镍铬铁合金 625

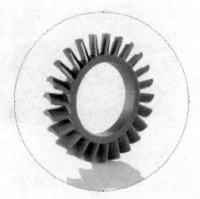

图 1-27　镍铬铁合金成品

5. 碳化钨

碳化钨是最硬的碳化物之一，熔点达 2 770 ℃（如图 1-28 所示）。主要用于生产高度耐磨的磨具、硬质合金刀具（刀、钻子和圆锯）以及金属加工、木料加工、矿业、石油和建筑行业所使用的铣削和车削工具。

图 1-28　碳化钨材料

1.3.2.2　ExOne 黏合剂

1. 呋喃黏合剂

呋喃黏合剂是以往砂型铸造应用中使用的典型自硬黏合剂（如图 1-29 所示），因此，该黏合剂材料无须在铸造厂进行任何更改即可使用。打印砂芯可立即用于铸造，无须热源。

2. 酚醛黏合剂

酚醛黏合剂用于打印砂型和砂芯，最适合高温浇注铸件（如图 1-30 所示）。由于砂芯具有较高的耐热性，因此可以轻松打印非常薄的墙体或细管。可利用微波技术轻松对部件进行固化处理。

3. 硅酸盐黏合剂

ExOne 提供创新环保选项，采用基于硅酸盐的黏合剂打印砂型和砂芯。使用此黏合剂打印可降低铸造过程中的气体排放，也可利用微波技术轻松对部件进行固化处理。

4. 水基黏合剂

许多我们直接打印的材料（主要是金属）都采用专利的水基黏合剂将各层粉末状金属粘在一起。打印出的部件被置于熔炉中，黏合剂与部件烧离，粉末颗粒在烧结操作中熔合。

图 1-29　呋喃自硬黏合剂

图 1-30　粉状酚醛树脂

1.3.2.3　加工案例

位于华盛顿基波特的美国海军水下作战中心(NUWC)了解到俄亥俄级战略核潜艇需要使用如图 1-31 所示的真空锥铸件,可是他们的供应系统中没有这类铸件。因此需要联系供应商单独开发这种新产品,开发真空锥铸件有两种方法可以选择,一是传统砂铸法,另一种就是 3D 打印法,采用传统加工方法和采用 3D 打印方法的效率和成本分析见表 5 所示。

图 1-31　真空锥铸件

表 5　真空锥铸件传统砂铸法与 3D 打印法的比较

加工方法	时间	成本
传统砂铸法	51 周	29 562 美元
3D 打印法	8 周	18 200 美元

由表可得,3D 打印法相比传统砂铸法,效率更高并且成本降低了约 40%。

思考题

1. 查资料,列举采用天然生物材料明胶的三维打印设备。
2. 查资料,列举采用合成生物材料聚己内酯(PCL)的三维打印设备。

参考文献

[1] 张川宁.浅析土木工程施工技术的重要性和创新[J].建筑工程技术与设计,2016(5):62.

[2] 张玉博,程晋杰.新型建筑材料的发展现状综述[J].建筑工程技术与设计,2016(27):2347.

[3] 黄小江,赖斯艺.3D打印技术在建筑工程建设中的实践[J].价值工程,2015(36):176-177.

[4] 王冠,申逸林.3D打印技术在建筑材料领域的应用研究[J].价值工程,2015,34:123-125.

[5] 同济大学3D打印国内首个人行天桥长11米[EB/OL].(2017-07-23)[2017-08-18]http://www.cnbeta.com/articles/tech/634287.htm.

[6] Ellen,D-Shape 3D水泥打印机[EB/OL].(2015-02-04)[2017-08-18]http://www.archcy.com/materials/recommend_materials/338c28053b309b52.

[7] 陈薇伊.荷兰3D打印大楼开工　将成世界首栋打印建筑[EB/OL].(2014-04-03)[2017-08-18]http://www.chinanews.com/life/2014/04-03/6027973.shtml

[8] 杨建江,陈响.3D打印建筑技术及应用趋势[J].施工技术,2015,44(10):84-89.

[9] Giovanni Cesaretti, Enrico Dini, Xavier De Kestelier, et al. Buildingcomponents for an outpost on the Lunar soil by means of a novel 3Dprinting technology[J]. Acta Astronautica, 2014(93):430-450.

[10] 李旋.3D打印混凝土配合比设计及其基本性能研究[D].武汉:华中科技大学,2014,10-11.

[11] 陈雷,王栋民,蔺喜强,等.促凝剂与缓凝剂对快硬硫铝酸盐水泥性能的影响[A].//2011年混凝土与水泥制品学术讨论会论文集[C].无锡:中国矿业大学(北京)混凝土与环境材料研究所,2011:156-162.

[12] 刘福财.一种用于3D打印的高性能粉末混凝土:201510375110[P].2015-10-07.

[13] 马义和.一种可用于3D打印的混凝土材料及其制备方法:201510228281[P].2015-08-26.

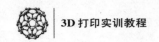

1.4　4D打印材料

4D打印由 MIT 与 Stratasys 教育研发部门合作研发,是一种无需打印机器就能让材料快速成型的革命性新技术。4D打印比 3D打印多了一个"D",也就是时间维度,人们可以通过软件设定模型和时间,变形材料会在设定的时间内变形为所需的形状。准确地说,4D打印材料是一种能够自动变形的材料,直接将设计内置到物料当中,不需要连接任何复杂的机电设备,就能按照产品设计自动折叠成相应的形状。4D打印材料主要指的是智能材料。智能材料又称敏感材料,在外界环境(如电磁场、温度场、湿度、光、pH 等)的刺激下,智能材料可将传感、控制与驱动三种功能集于一身,能够完成相应的反应。智能材料结构具有模仿生物体的自增殖性、自修复性、自诊断性、自学习性和环境适应性[1]。而 4D打印可以理解为智能材料结构在 3D打印基础上在外界环境激励下随时间实现自身的结构变化。

智能材料分类方式繁多,根据功能及组成成分的不同,大体可以分为:电活性聚合物、形状记忆材料、压电材料、电磁流变体、磁致伸缩材料等。智能材料结构在众多领域中有着重要应用,如航空航天飞行器、智能机器人、生物医疗器械、能量回收、结构健康监测、减震降噪等领域[2]。然而,由于智能材料制造工艺的复杂性,传统智能材料制造方法只能制造简单形状的智能材料结构,难以制造复杂形状的智能材料结构,严重限制了智能材料结构的发展与应用。3D打印技术可以制造出任意复杂形状的三维实体,智能材料 3D打印技术使制造任意复杂形状的智能材料结构成为可能。

1.4.1　4D打印材料国外发展现状

1.4.1.1　电活性聚合物材料(EAP)

电活性聚合物材料(Electroactive Polymer,EAP)是一类在电场激励下可以产生大幅度尺寸和形状变化的新型柔性材料,是智能材料的一个分支[3]。离子聚合物-金属复合材料(IPMC)、Bucky Gel 和介电弹性材料(DE)分别是 EAP 的典型代表。

1. IPMC

IPMC 是在离子交换膜基体两表面制备出电极而形成的复合材料,在外界电压作用下,材料内部的离子和水分子向电极一侧聚集,导致质量和电荷分布不平衡,从而在宏观上产生弯曲变形。由传统方法制备出的 IPMC 绝大多数为片状[4],受传统制备方法的限制,很难制备出复杂形状的 IPMC 智能材料。

Evan Malone 和 Hod Lipson 在 2006 年首次提出了借助 3D 打印技术,制造三层结构和五层结构 IPMC 智能材料[5]。该研究组将 Nafion 溶液与酒精和水的混合溶液作为打印 IPMC 基体的前体材料,将 Ag 微小颗粒与 Nafion 溶液混合液体作为 IPMC 电极材料,先通过 3D 打印硅胶材料制备出一个立方体硅胶容器,然后通过喷头逐点累加固化电极—Nafion 基体—电极三层结构。3D 打印制备的硅胶容器作为接下来 3D 打印 IPMC 的支撑,防止喷头喷出的液体在固化之前流动而影响 IPMC 的制备。为了减少溶液的挥发和延长 IPMC 智能材料的使用寿命,Malone 课题组在 3D 打印三层结构 IPMC 的基础上进行了改进,在固化形成的电极外侧打印固化一层由 Hydrin C thermoplastic(Zeon Chemicals L. P.)材料形成的不可被水渗透的低导电性电极保护层。3D 打印制造的五层结构 IPMC 可以将溶液封存于 IPMC 之中,有效延长了使用寿命。图 1 - 32 为五层结构的 IPMC 示意图。

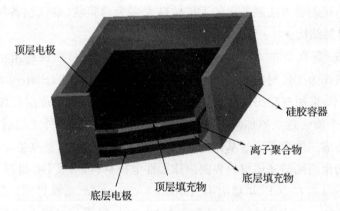

图 1 - 32　3D 打印五层结构 IPMC

尽管采用 3D 打印技术制备出的片状 IPMC 与传统工艺制备出的片状 IPMC 比起来在性能上具有较大差距,但是这种新的 IPMC 智能材料为 3D 打印制造复杂形状 IPMC 三维结构奠定了基础,使今后直接增材制造任意形状 IPMC 智能结构成为可能。

2. Bucky Gel

Bucky Gel 是最新研究发展的一种离子型电活性聚合物智能材料，Bucky Gel 的组成和驱动传感原理类似于 IPMC。Bucky Gel 由三层结构组成，中间基体材料为由聚合物和离子液体构成的电解质层，基体材料两边为由碳纳米管、聚合物和离子液体构成的电极材料。在两侧电极加载电压时，离子液体中的阴、阳离子向两个电极移动，引起 Bucky Gel 的弯曲。

传统 Bucky Gel 的制备方法常采用溶液铸膜法（Solution Casting Method），分层分别固化电极和基体层，制备出的 Bucky Gel 大多为片状，难以制备复杂形状的 Bucky Gel。N. Kamamichi[6] 于 2008 年提出用 3D 打印技术制造 Bucky Gel，利用 3D 打印技术逐点累加固化电极—基体材料—电极，可以制备任意复杂形状的 Bucky Gel。

3. DE

传统 DE 驱动器是在介电弹性膜状材料上下表面涂上柔性电极构成三明治结构。当施加了电压，DE 材料的上下表面由于极化积累了正、负电荷，正、负电荷相互吸引产生静电库仑力，从而在厚度方向上压缩材料使其厚度变小，平面面积扩张。传统制备方法制备出的 DE 材料大多为薄膜状，难以制备任意复杂形状的 DE 材料结构。

Rossiter 等在 2009 年首次提出 3D 打印 DE 材料[7]，该课题组将光固化聚丙烯酸材料作为 DE 材料的基体膜材料，利用紫外光固化（Stereolithography）3D 打印技术，采用双喷头紫外光固化 3D 打印机，一个喷头逐层打印固化支撑结构，另一个喷头逐点累加喷射液体聚丙烯酸材料，通过紫外光照射固化成型，逐层固化形成三维聚丙烯酸基体材料（如图 1-33），之后将支撑去除，在紫外光固化成型的聚丙烯酸基体材料表面涂抹柔性电极材料，形成 DE 材料。

Landgraf 等在 2013 年提出用 Aerosol jet printing（喷雾打印）3D 打印技术制造 DE 材料[8]，基体材料采用硅胶材料，电极材料采用硅胶与碳纳米管混合物，通过逐层固化电极—基体—电极的方式实现三明治结构 DE 材料的 3D 打印。该课题组利用超声波或者气压将硅胶液体转变为喷雾状，之后通过喷头将硅胶喷雾喷射到工作平台表面实现硅胶的打印。由于选用的硅胶是双组分混合固化，为了防止双组分硅胶在喷头内固化堵塞喷头，该课题组设计了双喷头打印装置，通过两个喷头分别将硅胶的两个组分以喷雾形式打印，两个组分在接触之后固化，这样逐点累加固化实现三维结构 DE 材料的 3D 打印制造。

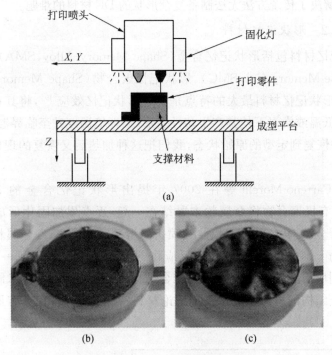

图 1‑33 三维聚丙烯酸基体材料

R. Shepherd 和 S. Robinson[9] 在 2013 年提出了用紫外光固化硅胶 3D 打印技术制造 DE 材料，基体材料采用可紫外光固化的硅胶材料，电极材料采用混有炭黑等导电颗粒的水凝胶，通过改变硅胶的黏度来增强硅胶的可打印性，采用 3D 打印技术逐层固化实现三维结构 DE 材料。由于 3D 打印制备出的 DE 材料未经过预拉伸，采用该方法制备出的 DE 材料变形较小，但是这种方法使制造复杂形状的 DE 智能材料结构成为可能。

A. Creegan 和 I. Anderson 在 2014 年提出采用双材料紫外光固化 3D 打印技术对 DE 基体材料和 DE 电极材料进行同时打印。紫外光固化 3D 打印技术是通过紫外光束在液体树脂材料表面移动，逐点累加固化实现三维实体打印，该课题组提出通过交替固化两种液体树脂材料 A 和 B 实现 AB 双材料紫外光 3D 打印。

DE 材料的 3D 打印技术现仍处于初步研究发展阶段，尽管目前通过 3D 打印技术制备出的 DE 材料的性能与传统方法制备出的 DE 材料相比还有差距，但是 DE 材料 3D 打印技术使今后制造任意复杂形状的三维 DE 智能材料结构

3D打印实训教程

成为可能,解决了传统方法无法制备复杂形状的 DE 材料的难题。

1.4.1.2 形状记忆材料

形状记忆材料包括形状记忆合金(Shape Memory Alloy,SMA)、形状记忆胶体(Shape Memory Gel,SMG)、形状记忆聚合物(Shape Memory Polymer,SMP)等。形状记忆材料最大的特点是具有形状记忆效应[10],将其在高温下进行定型,在低温或常温下使其产生塑性变形,当环境温度升至临界温度时,变形将会消失并恢复到定型的原始状态,我们把这种加热后又恢复的现象称作形状记忆效应。

Efraín Carreño-Morelli 等在 2007 年提出形状记忆合金的 3D 打印技术[11],利用有机聚合物将金属粉末黏结在一起,逐点累加固化形成三维立体形状记忆合金结构。在打印过程中,喷头将溶剂喷射到 NiTi 金属粉末和有机胶的混合物上,有机胶与溶剂发生反应将 NiTi 金属粉末黏结到一起,逐点累加固化得到所需三维实体形状记忆合金结构。应用 3D 打印技术制造出的形状记忆合金结构的材料密度达到了理论材料密度的 95%,且具有形状记忆效应(如图1-34)。

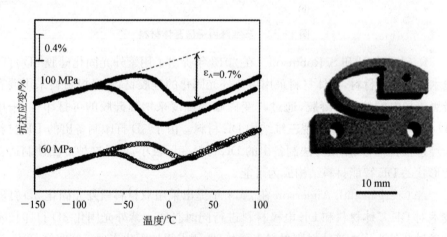

图1-34 3D打印技术制造的形状记忆合金

Samuel M. Felton 和 Robert J. Wood 等在 2013 年提出了利用 3D 打印形状记忆聚合物技术,制造具有自组装(self-assembly)、自折叠(self-folding)功能的智能结构[12-14]。利用 3D 打印技术将形状记忆聚合物逐点累加固化到硬质基板上,打印结束后固化成型的形状记忆聚合物与硬质基板紧密结合成整体平面结构,在光、温度、电流等外界环境的激励下,形状记忆聚合物发生体积膨胀或收缩引起整体平面结构变形成为三维结构。

1.4.1.3　亲水智能材料

Skylar Tibbits 提出的 4D 打印技术的核心是智能材料和多种材料 3D 打印技术,该课题组开发了一种遇水可以发生膨胀形变(150%)的亲水智能材料,利用 3D 打印技术将硬质有机聚合物与亲水智能材料同时打印,二者固化结合构成智能结构。3D 打印成型的智能结构在遇水之后,亲水智能材料发生膨胀,带动硬质有机聚合物发生弯曲变形,当硬质有机聚合物遭遇到临近硬质有机聚合物的阻挡时,弯曲变形完成,智能结构达到了新的稳态形状。该课题组制备了一系列由该 4D 打印技术制造的原型,如 4D 打印出的细线结构遇水之后可以变为 MIT 形状,4D 打印技术制造出的平板遇水之后可以变化为立方体盒子(如图 1-35)。

(1)亲水细线结构　　　　　　　　(2)亲水平板结构

图 1-35　由 4D 打印技术制造的亲水智能材料和硬质有机聚合物智能结构发生变形

1.4.2　4D 打印材料国内发展现状

西安交通大学机械制造系统工程国家重点实验室对 4D 打印技术进行了初步研究。该课题组研究利用熔融沉积成型(Fused Deposition Modeling,FDM)3D 打印技术制造 IPMC 智能材料。该课题组还研究利用导电聚合物以及水凝胶与导电颗粒混合体作为 IPMC 电极材料,这两种材料不仅在模量强度上与 Nafion 材料接近,能够有效提高 IPMC 的使用寿命,而且通过调整这两种材料的流动性可以进行挤出成型,这样 IPMC 的电极材料同样可以通过 3D 打印技术制备。该课题组还进一步研究了形状记忆聚合物(SMP)的 3D 打印技术。利用熔融沉积成型(FDM)3D 打印技术,SMP 材料在喷头内被加热熔化,喷头将熔化的材料挤出,材料冷却逐点累加固化形成任意形状 SMP 三维实体结构。采用 3D 打印技术制造的 SMP 智能材料结构,具有形状记忆功能,通过调节环境温度,SMP 智能结构可随着时间的推移发生形状结构的变化,实现 SMP 材料的 4D 打印。

1.4.3　4D 材料发展趋势

4D 打印智能材料,将改变过去"机械传动＋电机驱动"的模式。目前的机械结构系统主要是采用机械传动与驱动的传递方式,而未来走向功能材料的原位驱动模式,将不再受机械结构体运动的自由度约束,可以实现连续自由度和刚度可控功能,同时自身重量也会大幅度降低。

研究发展多种适用于 4D 打印技术的智能材料,对不同外界环境激励产生响应,且响应变形的形式更多样化。目前 4D 打印智能材料的激励方式和变形形式比较局限,Skylar Tibbits 等目前正在研究开发可以对振动和声波产生响应的智能材料 4D 打印技术,随着 4D 打印智能材料的多样化发展,4D 打印技术的应用将更加广泛。

思考题

1. 查资料,简要阐述 4D 打印的工作原理。
2. 列举两种 4D 打印智能材料,并简要阐述其工作原理。

参考文献

[1] 李涤尘,刘佳煜,王延杰,等.4D 打印-智能材料的增材制造技术[J].机电工程技术,2014,43(5):1-9.

[2] 魏凤春,张恒,张晓,等.智能材料的开发与应用[J].材料导报,2006(S6):375-378.

[3] 罗华安,王化明,朱银龙.一种介电型电活性聚合物材料的非线性超弹性模型[J].机械工程学报,2016,52(14):73-78.

[4] Y. Barcohen, T. Xue, M. Shahinpoor, et al. Low-mass muscle actuators using electroactive polymers (EAP)[C]// Smart Structures and Materials 1998: Smart Materials Technologies. International Society for Optics and Photonics, 1998:697-701.

[5] E. Malone, H. Lipson. Freeform fabrication of ionomeric polymer - metal composite actuators[J]. Rapid Prototyping Journal, 2006, 12(5):244-253.

[6] N. Kamamichi, T. Maeba, M. Yamakita, et al. Fabrication of bucky gel actuator/sensor devices based on printing method[C]// IEEE /RSJ International Conference on

Intelligent Robots and Systems，2008：582－587.

[7] J. M. Rossiter. Dielectric elastomer pump for artificial organisms［J］. Proc Spie，2011，7976(17)：797629－797629－7.

[8] M. Landgraf，S. Reitelshofer，J. Franke，et al. Aerosol jet printing and lightweight power electronics for dielectric elastomer actuators［C］// Electric Drives Production Conference. IEEE，2013：1－7.

[9] http：//cornell. flintbox. com/public/project/24297

[10] 奚利飞,郑俊萍,张红磊,等. 智能材料的研究现状及展望［J］.材料导报,2003,17(S1)：235－237.

[11] E. Carreño-Morelli，S. Martinerie，J. E. Bidaux. Three-dimensional printing of shape memory alloys［C］// Materials Science Forum,2007：534－536.

[12] M. T. Tolley，S. M. Felton，S. Miyashita，et al. Self-folding shape memory laminates for automated fabrication［C］//IEEE/RSJ International Conference on Intelligent Robots and Systems ,2013，8215(2)：4931－4936.

[13] S. M. Felton，M. T. Tolley，B. H. Shin，et al. Self-folding with shape memory composites［J］. Soft Matter，2013，9(32)：7688－7694.

[14] S. M. Felton，M. T. Tolley，C. D. Onal，et al. Robot self-assembly by folding：A printed inchworm robot［C］// IEEE International Conference on Robotics and Automation. IEEE，2013：277－282.

第二章　正向建模

2.1　Pro/E 简介及应用

2.1.1　Pro/E 简介及特点

Pro/Engineer(简称 Pro/E)是一个全方位的三维产品开发软件,将零件设计、钣金设计、产品设计、模具设计、数控加工等功能整合于一体,广泛应用于汽车、航天航空、电子、工业设计和机械制造等行业。Pro/E 是参数化软件,其采用单一数据库来解决特征的相关性问题,它可以将设计至生产全过程集成到一起,易于实现并行工程的设计。在设计过程中,修改任何一处后,整个设计中与其有关的数据均会发生改变。零件模型构建完成后,设计者可以在工作界面左边的模型树内,任意选择想要修改的部分进行修改。另外,Pro/E 涉及的模块较多,满足用户的不同需要。设计者可以根据自己的需求通过 Pro/E 设计出各种实体零件,然后继续通过 Pro/E 组装成装配体。

Pro/E 还有一个很重要的绘图优点:它可以将设计者构思的蓝图以可视化的形式显示出来,便于设计者对模型进行分析和修改。此外,Pro/E 还支持有限元的分析,在建模过程中,软件会对各模型进行布尔并集运算,对于错误的并集运算会自动报错,如面与体的并集。这一功能对保持模型的完整性非常重要。但是万事都有两面性,这也就意味着软件的自由受到了限制,而且,软件对模型的容错性较低,即使模型仅出现一处错误,我们也得不到完整的模型。

2.1.2　Pro/E 软件的操作流程

使用 Pro/E 绘图前,要先熟悉 Pro/E 的工作界面,其工作界面如图 2-1 所示。首先它的工作界面分成四大项。

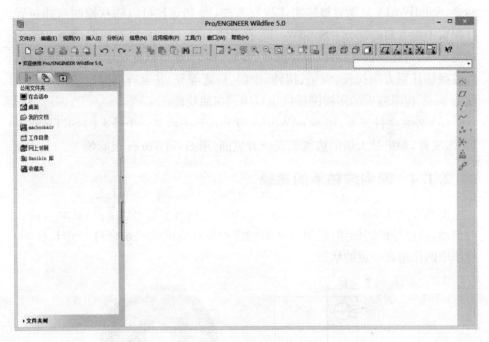

图 2-1　Pro/E 软件的工作界面

(1) 菜单栏:包括文件、编辑、视图、插入、分析、信息、应用程序、工具、窗口、帮助等命令。

(2) 工具栏:由快捷键按钮组成,包含了大部分常用控制功能的工具按钮,并且各按钮的状态及意义也有所不同。

(3) 模型树:显示了当前模型的建立过程,依次将特征的建立以树状结构进行排列。

(4) 特征工具栏:包含部分常用特征命令的快捷键,用以进行特征的创建。

2.1.3　Pro/E 软件的优势

Pro/E 软件相比于其他三维产品开发软件拥有以下几个方面的优势。

(1) Pro/E 占用内存较少,用起来比 SolidWorks 流畅。绘制复杂的零部件比 SolidWorks 方便。

（2）Pro/E 的全参数化设计：方便修改，便于控制，步骤严谨。

（3）Pro/E 的分模比较强，EMX 功能较强。

（4）Pro/E 的曲面设计更强：比如 SolidWorks 有弯曲命令，Pro/E 也有弯曲命令，SolidWorks 只能对整体实体进行弯曲，而 Pro/E 可以随意控制弯曲位置并保留不想弯曲的部分。SolidWorks 有扭曲命令，Pro/E 也有扭曲命令，Pro/E 的更灵活、更直观快速，可以整体缩放、旋转、移动，还可以直观地将随意局部点、线或面往任意方向拉长、缩短、扭转、锥削、折弯等等，甚至阵列时也要借用到扭曲命令，工程图输入的多视图拼接也可用到扭曲功能。

（5）外来文件修复，用 SolidWorks 与 Pro/E 去修复一个外来的 SETP 或者 IGES 文件，如果是大量的边线错误或者破面，用 SolidWorks 很麻烦[1]。

2.1.4　深沟球轴承的建模

本例将创建如图 2-2 所示的深沟球轴承。通过本案例的学习，从旋转特征的创建、拉伸特征的创建、倒角特征的创建和零件装配的联系会对 Pro/E 在 3D 打印中的作用有一定的认识。

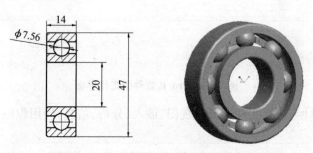

图 2-2　深沟球轴承的零件图和轴测图

2.1.4.1　建模思路

旋转绘制内圈→拉伸加旋转绘制保持架→旋转绘制钢珠→旋转绘制外圈。

2.1.4.2　设计步骤

1. 绘制内圈

（1）新建零件文件

① 单击工具栏中的"新建"按钮，或者在菜单栏单击"文件"按钮后选择"新建"按钮；在弹出的"新建"对话框选择"零件"类型，并选择"实体"为子类型，"名

称"为"neiquan",同时取消"使用缺省模板"复选框前面的钩选,如图 2-3(a)所示,点击"确定"。

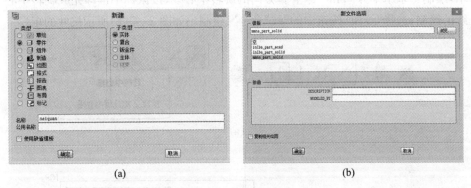

(a)　　　　　　　　　　　　　　　　(b)

图 2-3　新建零件

② 在"新文件选项"对话框中选择"mmns_part_solid"选项,按"确定"按钮进入零件的绘制模式,如图 2-3(b)所示。

(2) 创建实体。

① 单击右侧主窗的"旋转"按钮 ,单击旋转操控板上的"放置"按钮,出现"草绘""选取 1 个项目",单击右侧的"定义"按钮弹出"草绘"对话框,在绘图界面中选择 TOP 平面作为草绘基准平面并使用默认参照平面和方向,单击草绘对话框中的"草绘"按钮,系统则进入到二维草绘界面,如图 2-4 所示。

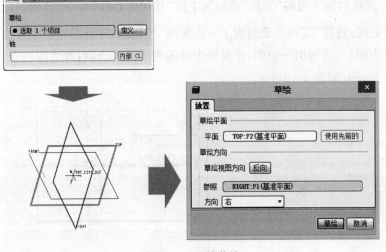

图 2-4　旋转草绘

② 选择右侧主窗的"线段"按钮◣中的"几何中心线"选项┋，如图 2 - 5(a)所示，绘制一条水平方向和一条竖直方向的旋转中心线，按鼠标中键即完成旋转中心线的绘制；选择"线段"按钮中的"线"命令◣绘制出如图 2 - 5(b)所示尺寸的矩形。

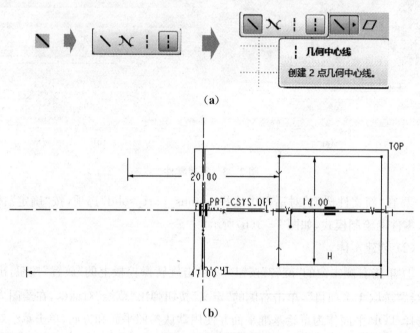

（a）

（b）

图 2 - 5 绘制矩形

③ 选择右侧主窗的"线段"按钮◣中的"几何中心线"命令┋绘制过矩形中点的中心线；选择"以圆心及圆周上一点画圆"按钮◯，并且以矩形中心线与水平线交点为圆心，绘制出一个圆，按鼠标中键即完成圆的绘制；双击圆的直径，修改尺寸为 8 mm，如图 2 - 6 所示。

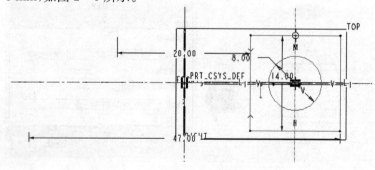

图 2 - 6 绘制圆形

④ 选择右侧主窗的"线段"按钮▲中的"几何中心线"命令 ┇ ，在圆心的左侧绘制一条竖直线段与矩形相交，修改其到竖直旋转中心线对称方向的距离为 29.3 mm，如图 2-7 所示。（尺寸的修改：选择右侧主窗口的"法向"按钮➡，依次单击绘制的竖直线段与竖直方向的旋转中心线，在绘制的线段与竖直旋转中心线中间按鼠标中键就会出现距离的尺寸，双击将其修改为 29.3 mm）。

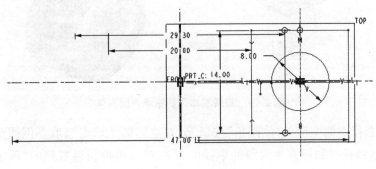

图 2-7　尺寸修改

⑤ 选择右侧主窗的"删除段"按钮 ✂ 将图形的多余线段删除成如图 2-8 所示，按鼠标中键即完成删除。

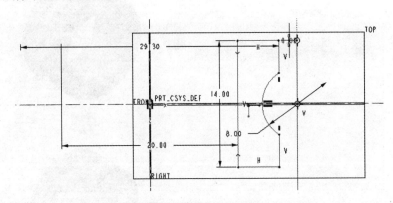

图 2-8　删除多余线段

⑥ 草绘完成后，单击右侧草绘工具条上的"接受"按钮✔。

⑦ 旋转操控板上均采用默认的值，单击操控板最右侧的"确定"按钮✔，得到内圈的旋转实体图，如图 2-9 所示。如果观察模型，可按住鼠标中键，移动鼠标从不同的方向观察所建实体；如要缩放模型，向下推滚轮可放大模型，向上推

滚轮可缩小模型。

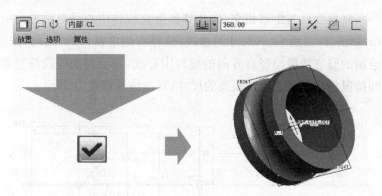

图 2-9   旋转实体得到轴承内圈实体

⑧ 选择右侧主窗的"倒圆角"按钮 ◯ ,在立体图上单击选取要倒圆角的边,在倒圆角特征控制板修改圆角的半径值为 1;单击操控板最右侧的"确定"按钮 ✓ ,即完成圆角的创建,如图 2-10 所示。

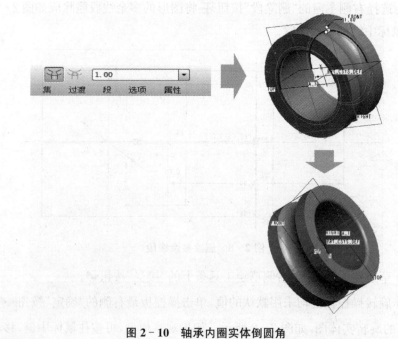

图 2-10   轴承内圈实体倒圆角

⑨ 保存:单击菜单栏中的"文件"按钮,在下拉菜单中选择"保存"选项,将实体模型保存在文件夹中。

2. 绘制保持架

(1) 新建零件文件。

① 单击工具栏中的"新建"按钮,或者在菜单栏单击"文件"按钮后选择"新建"按钮;在弹出的"新建"对话框选择"零件"类型,并选择"实体"为子类型,"名称"为"baochijia",同时取消"使用缺省模板"复选框前面的钩选。

② 在"新文件选项"对话框中选择"mmns_part_solid"选项,按"确定"按钮进入零件的绘制模式。

(2) 创建实体。

① 单击右侧主窗的"拉伸"按钮,单击拉伸操控板上的"放置"按钮,出现"草绘""选取 1 个项目",单击右侧的"定义"按钮弹出"草绘"对话框,在绘图界面中选择 TOP 平面作为草绘基准平面并使用默认参照平面和方向,单击草绘对话框中的"草绘"按钮,系统则进入到二维草绘界面,如图 2-11 所示。

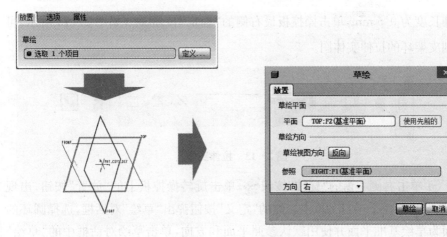

图 2-11 拉伸草绘

② 选择右侧主窗的"线段"按钮中的"几何中心线"选项,绘制一条水平方向和一条竖直方向的中心线,按鼠标中键即完成中心线的绘制,如图 2-12(a)所示;选择"以圆心及圆周上一点画圆"按钮绘制以原点为圆心的两个同心圆,按鼠标中键即完成圆的绘制;双击圆的直径,修改尺寸为小圆的直径 32 mm,大圆的直径 37 mm,如图 2-12(b)所示。

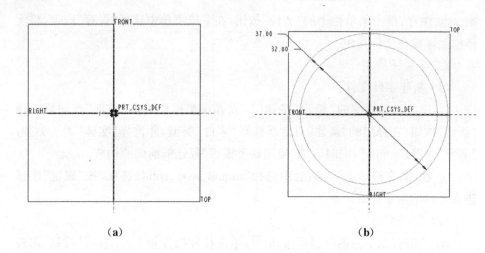

(a)　　　　　　　　　　　　　　　　(b)

图 2 - 12　绘制几何中心线及同心圆

③ 草绘完成后,单击右侧草绘工具条上的"接受"按钮✔。

④ 在拉伸操控板上选择"从草绘平面已指定的深度值拉伸"按钮 ⊥,输入拉伸长度为 0.5 mm,单击操控板最右侧的"确定"按钮 ✔,如图 2 - 13 所示,可得到支架环的拉伸实体图。

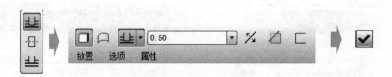

图 2 - 13　拉伸实体

⑤ 单击右侧主窗的"旋转"按钮 ❖,单击旋转操控板上的"放置"按钮,出现"草绘""选取 1 个项目",单击右侧的"定义"按钮弹出"草绘"对话框,选择圆环的平面为草绘基准平面并使用默认参照平面和方向,单击草绘对话框中的"草绘"按钮,系统则进入到二维草绘界面,如图 2 - 14 所示。

⑥ 选择右侧主窗的"线段"按钮 ＼ 中的"几何中心线"选项 ┇,如图 2 - 15(a) 所示,绘制一条水平方向的旋转中心线,按鼠标中键即完成旋转中心线的绘制;双击旋转中心线到水平线的尺寸,修改为 17. 25 mm;选择"以圆心及圆周上一点画圆"按钮 〇,并且以旋转中心与竖直中心线的交点为圆心画圆,按鼠标中键即完成圆的绘制;双击圆的直径,修改尺寸为 9 mm;选择右侧主窗的"删

除段"按钮☆,将图形的多余线段删除成如图 2－15(b)所示,按鼠标中键即完成删除。

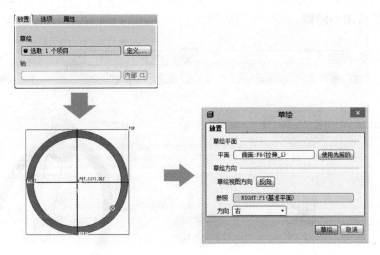

图 2－14　建立旋转草绘

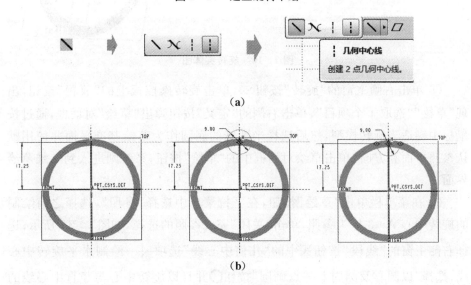

图 2－15　草绘保持架框架

⑦ 草绘完成后,单击右侧草绘工具条上的"接受"按钮✔。

⑧ 在旋转操控板上选择"从草绘平面已指定的角度值旋转"按钮⊥,输入旋转角度为 180°,选择"更改角度方向"按钮╱,单击操控板最右侧的"确定"按

钮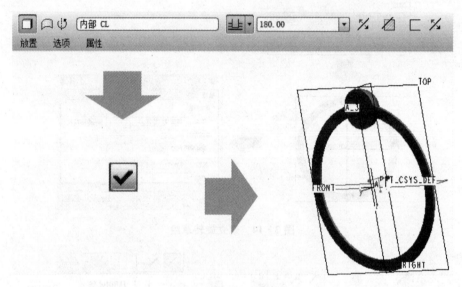，得到旋转实体图，如图 2 - 16 所示。如需观察模型，可按住鼠标中键，移动鼠标从不同的方向观察所建实体；如要缩放模型，向下推滚轮可放大模型，向上推滚轮可缩小模型。

图 2 - 16　旋转实体图

⑨ 单击右侧主窗的"旋转"按钮，单击旋转操控板上的"放置"按钮，出现"草绘""选取 1 个项目"，单击右侧的"定义"按钮弹出"草绘"对话框，通过按鼠标中键适当旋转模型，然后选择半圆球的底圆作为草绘基准平面并使用默认参照平面和方向，单击草绘对话框中的"草绘"按钮，系统则进入到二维草绘界面。

⑩ 在菜单栏单击"草绘"按钮，在下拉菜单中选择"参照"，选择之前绘制的旋转中心 A - 3 作为参照，单击"关闭"完成参照的选择，如图 2 - 17 所示；选择右侧主窗的"线段"按钮中的"几何中心线"选项，绘制水平旋转中心线；选择"以圆心及圆周上一点画圆"按钮并且以旋转中心与竖直中心线的交点为圆心画圆，按鼠标中键完成圆的绘制；双击圆的直径，修改尺寸为8 mm；选择右侧主窗的"删除段"按钮将上半圆的多余线段删除，按鼠标中键即完成删除。

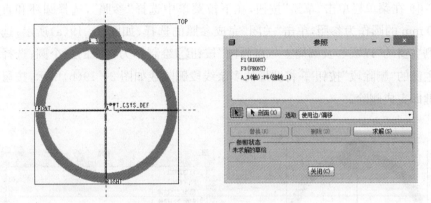

图 2-17　选择绘制同心圆的参照

⑪ 草绘完成后,单击右侧草绘工具条上的"接受"按钮✔。

⑫ 在旋转操控板上选择"从草绘平面已指定的角度值旋转"按钮⬆,输入旋转角度为 180°,选择"更改角度方向"按钮✗,选择"移除材料"按钮⧄,单击操控板最右侧的"确定"按钮✔,得到旋转实体图,如图 2-18 所示。

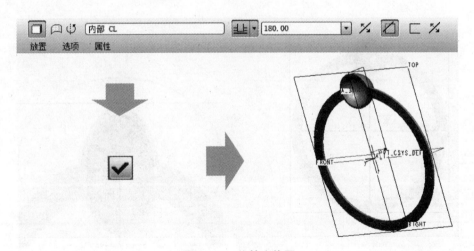

图 2-18　旋转实体图

⑬ 单击右侧主窗的"拉伸"按钮⬚,单击拉伸操控板上的"放置"按钮,出现"草绘""选取 1 个项目",单击右侧的"定义"按钮弹出"草绘"对话框,单击"使用先前的"按钮,系统则进入到二维草绘界面。

⑭ 在菜单栏单击"草绘"按钮,在下拉菜单中选择"参照",选择圆环和直径为 9 mm 的圆作为参照,单击"关闭"完成参照的选择,如图 2 - 19(a)所示;选择右侧主窗的"以圆心及圆周上一点画圆"按钮⊙绘制作为参照的三个圆;选择右侧主窗的"删除段"按钮 将图形的多余线段删除成如图 2 - 19(b)所示,按鼠标中键即完成删除。

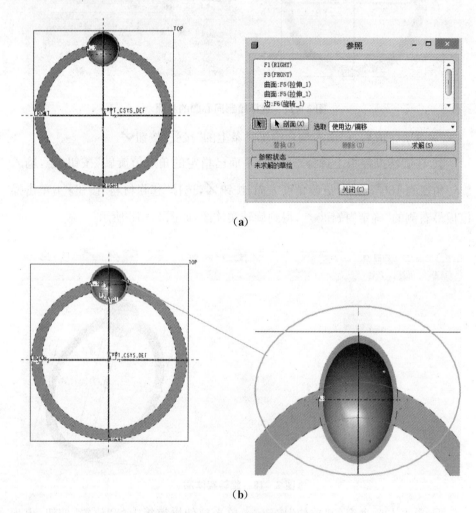

(a)

(b)

图 2 - 19　绘制图形及修改尺寸

⑮ 草绘完成后,单击右侧草绘工具条上的"接受"按钮✔。

⑯ 在拉伸操控板上选择"拉伸至下一曲面"按钮 ≑,选择"更改角度方向"按钮 ╱,选择"移除材料"按钮 ╱,单击操控板最右侧的"确定"按钮 ✔,得到拉伸实体图,如图 2-20 所示。

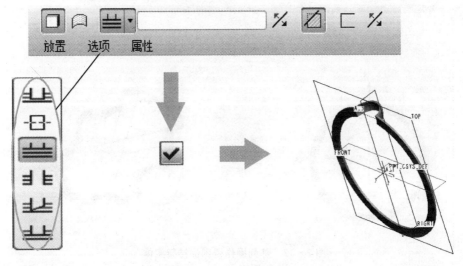

图 2-20   拉伸移除材料

⑰ 按住 Ctrl 键,在左侧的模型树中依次单击旋转 1、旋转 2、拉伸 2,右击选择"组"选项,如图 2-21 所示。

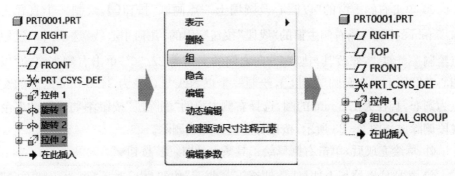

图 2-21   多操作组合图

⑱ 单击左侧模型树中的"组 LOCAL_GROUP"按钮,单击右侧主窗的"阵

列"按钮 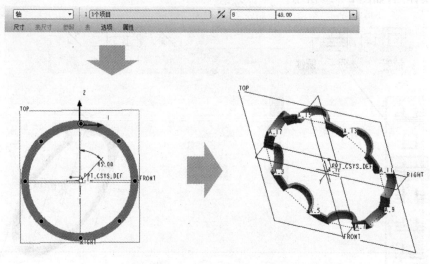 ,选择"轴阵列"选项,单击阵列操控板"选取 1 个项目"选项,选中心轴
A-1 作为阵列中心基准轴,在"第一方向的阵列成员数"栏中输入 8,在"阵列成
员间的角度"栏中选择角度为 45°,按回车键可以看到阵列成员的位置;单击操控
板最右侧的"确定"按钮 ,得到阵列后的实体图,如图 2-22 所示。

图 2-22 阵列操作得到保持架实体

⑲ 单击右侧主窗的"拉伸"按钮 ,单击拉伸操控板上的"放置"按钮,出现
"草绘""选取 1 个项目",单击右侧的"定义"按钮弹出"草绘"对话框,单击"使用
先前的"按钮,系统则进入到二维草绘界面。

⑳ 单击右侧主窗的"以圆心及圆周上一点画圆"按钮 ,绘制一个直径为
34.5 mm 的圆;选择右侧主窗的"线段"按钮 中的"几何中心线"选项 ,过原
点绘制一条斜线,修改其与竖直方向之间的夹角为 22.50°;单击右侧主窗的"以
圆心及圆周上一点画圆"按钮 ,绘制一个以斜线与直径为 34.5 mm 的圆的交
点为圆心,直径为 1.5 mm 的圆;选择右侧主窗的"删除段"按钮 将图形的多余
线段删除成如图 2-23 所示,按鼠标中键即完成删除。

㉑ 草绘完成后,单击右侧草绘工具条上的"接受"按钮 。

㉒ 在拉伸操控板上选择"拉伸至下一曲面"按钮 ,选择"更改角度方向"
按钮 ,选择"移除材料"按钮 ,单击操控板最右侧的"确定"按钮 ,得到拉
伸实体图,如图 2-24 所示。

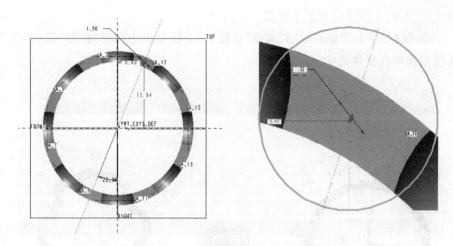

图 2-23　确定销孔的位置及绘制尺寸

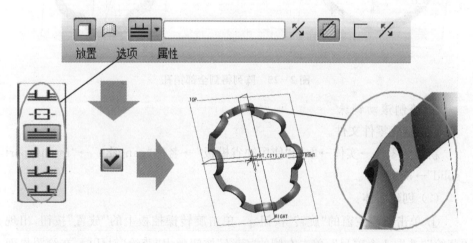

图 2-24　拉伸移除材料得到销孔

㉓ 单击左侧模型树中的"拉伸10"按钮,单击右侧主窗的"阵列"按钮▦,选择"轴阵列"选项,单击阵列操控板"选取1个项目"选项,选中心轴 A-1 作为阵列中心基准轴,在"第一方向的阵列成员数"栏中输入8,在"阵列成员间的角度"栏中选择角度为 45°,按回车键可以看到阵列成员的位置;单击操控板最右侧的"确定"按钮☑,得到阵列后的实体图,如图 2-25 所示。如需观察模型,可按住鼠标中键,移动鼠标从不同的方向观察所建实体;如要缩放模型,向下推滚轮可

放大模型,向上推滚轮可缩小模型。

㉔ 保存:单击菜单栏中的"文件"按钮,在下拉菜单中选择"保存"选项,将实体模型保存在文件夹中。

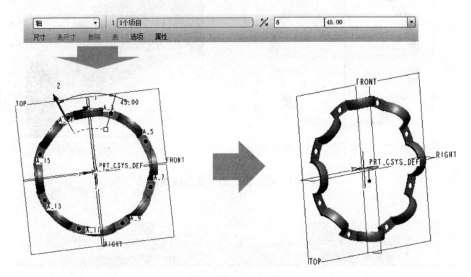

图 2-25　阵列得到全部销孔

3. 绘制滚动钢珠

(1) 新建零件文件。

新建→零件→实体→取消"使用缺省模板"→名称"gangzhu"→"mmns_part _solid"→确定。

(2) 创建实体。

① 单击右侧主窗的"旋转"按钮🔄,单击旋转操控板上的"放置"按钮,出现"草绘""选取 1 个项目",单击右侧的"定义"按钮弹出"草绘"对话框,在绘图界面中选择 TOP 平面作为草绘基准平面并使用默认参照平面和方向,单击草绘对话框中的"草绘"按钮,系统则进入到二维草绘界面,如图 2-26 所示。

② 选择右侧主窗的"线段"按钮◥中的"几何中心线"选项 ┇,绘制一条水平方向和一条竖直方向的旋转中心线,按鼠标中键即完成旋转中心线的绘制;选择右侧主窗的"以圆心及圆周上一点画圆"按钮◯,并且以原点为圆心绘制一个圆,按鼠标中键即完成圆的绘制;双击圆的直径,修改尺寸为 7.56 mm,如图 2-27所示。

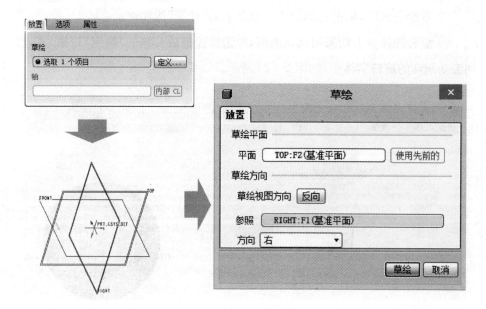

图 2‑26　旋转草绘

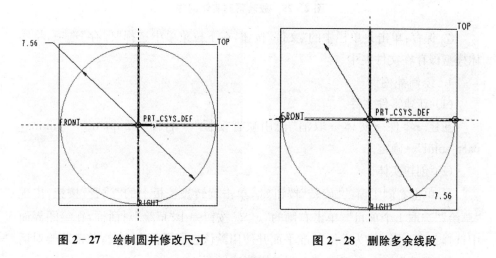

图 2‑27　绘制圆并修改尺寸　　　　图 2‑28　删除多余线段

③ 选择右侧主窗的"删除段"按钮 将图形的上半圆删除成如图 2‑28 所示。

④ 选择右侧主窗的"线段"按钮中的"线"命令 ，过圆直径两点绘制一条线段。

⑤ 草绘完成后,单击右侧草绘工具条上的"接受"按钮✔。

⑥ 旋转操控板上均采用默认的值,单击操控板最右侧的"确定"按钮✔,得到滚动钢珠的旋转实体图,如图 2 - 29 所示。

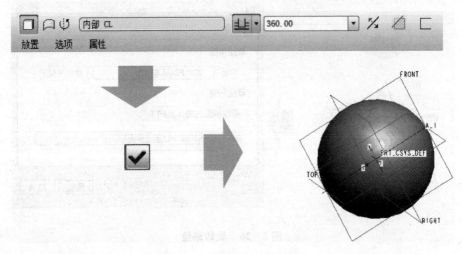

图 2 - 29　旋转得到实体钢珠

⑦ 保存:单击菜单栏中的"文件"按钮,在下拉菜单中选择"保存"选项,将实体模型保存在文件夹中。

4. 绘制外圈

(1) 新建零件文件。

新建→零件→实体→取消"使用缺省模板"→名称"waiquan"→"mmns_part_solid"→确定。

(2) 创建实体。

① 单击右侧主窗的"旋转"按钮🔧,单击旋转操控板上的"放置"按钮,出现"草绘""选取 1 个项目",单击右侧的"定义"按钮弹出"草绘"对话框,在绘图界面中选择 TOP 平面作为草绘基准平面并使用默认参照平面和方向,单击草绘对话框中的"草绘"按钮,系统则进入到二维草绘界面。

② 选择右侧主窗的"线段"按钮◥中的"几何中心线"选项┊,绘制一条水平方向和一条竖直方向的旋转中心线,按鼠标中键即完成旋转中心线的绘制;选择"线段"按钮中的"线"命令◥绘制出如图 2 - 30 所示尺寸的矩形;选择右侧主

窗的"线段"按钮﹨中的"几何中心线"命令︙，绘制过矩形中点的中心线。

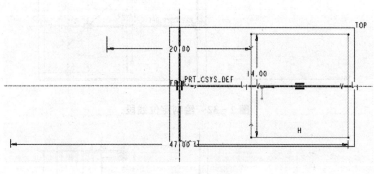

图 2‐30　绘制矩形

③ 选择右侧主窗的"以圆心及圆周上一点画圆"按钮◯并且以矩形中心线与水平线交点为圆心，绘制出一个圆，按鼠标中键即完成圆的绘制。双击圆的直径，修改尺寸为 9 mm，如图 2‐31 所示。

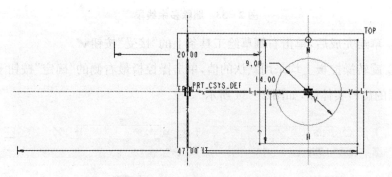

图 2‐31　绘制圆及尺寸修改

④ 选择右侧主窗的"线段"按钮﹨中的"几何中心线"命令︙，在圆心的右侧绘制一条竖直线段与矩形相交，修改其到竖直旋转中心线对称方向的距离为39.7 mm，如图 2‐32 所示。（尺寸的修改：选择右侧主窗口的"法向"按钮↔，依次单击绘制的竖直线段与竖直方向的旋转中心线，在绘制的线段与竖直旋转中心线中间按鼠标中键出现距离的尺寸，双击将其修改为 39.7 mm。）

⑤ 选择右侧主窗的"删除段"按钮，将图形的多余线段删除成如图 2‐33所示，按鼠标中键即完成删除。

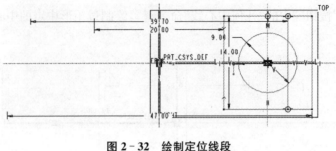

图 2‑32　绘制定位线段

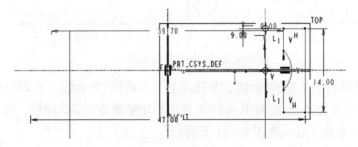

图 2‑33　删除多余线段

⑥ 草绘完成后,单击右侧草绘工具条上的"接受"按钮✔。

⑦ 旋转操控板上均采用默认的值,单击操控板最右侧的"确定"按钮✔,得到外圈的旋转实体图,如图 2‑34 所示。

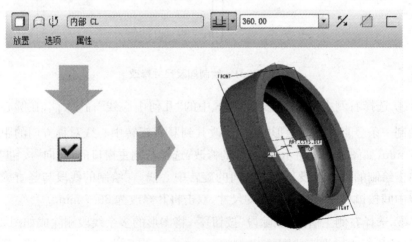

图 2‑34　旋转操作得到轴承外圈实体

⑧ 选择右侧主窗的"倒圆角"按钮，在立体图上单击选取要倒圆角的边，在倒圆角特征控制板修改圆角的半径值为 1；单击操控板最右侧的"确定"按钮，即完成圆角的创建，如图 2 - 35 所示。

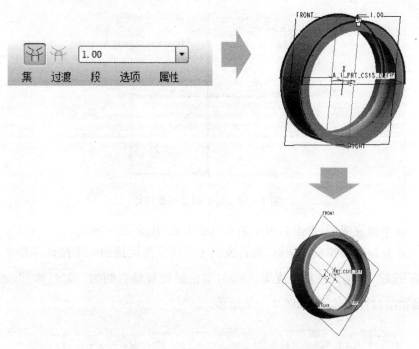

图 2 - 35 轴承外圈实体倒圆角

⑨ 保存：单击菜单栏中的"文件"按钮，在下拉菜单中选择"保存"选项，将实体模型保存在文件夹中。

5. 绘制插销

（1）新建零件文件。

新建→零件→实体→取消"使用缺省模板"→名称"chaxiao"→mmns_part_solid→确定。

（2）创建实体。

① 单击右侧主窗的"拉伸"按钮，单击拉伸操控板上的"放置"按钮，出现"草绘""选取 1 个项目"，单击右侧的"定义"按钮弹出"草绘"对话框，在绘图界面中选择 TOP 平面作为草绘基准平面并使用默认参照平面和方向，单击草绘对话框中的"草绘"按钮，系统则进入到二维草绘界面。

　　② 选择右侧主窗的"以圆心及圆周上一点画圆"按钮◯绘制一个以原点为圆心的圆,按鼠标中键完成圆的绘制;双击圆的直径,修改尺寸为小圆的直径1.5 mm,如图 2 - 36 所示。

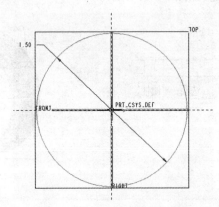

图 2 - 36　绘制圆及修改尺寸

　　③ 草绘完成后,单击右侧草绘工具条上的"接受"按钮✔。
　　④ 在拉伸操控板上选择"在各方向上以指定深度值的一半拉伸草绘平面的两侧"按钮▥,输入拉伸长度为 3 mm,单击操控板最右侧的"确定"按钮✔,得到插销的拉伸实体图,如图 2 - 37 所示。

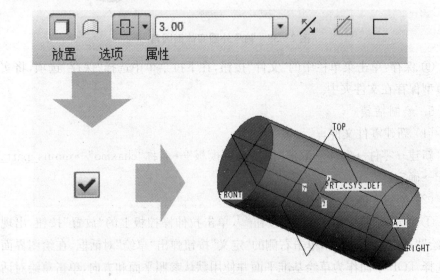

图 2 - 37　拉伸操作得到插销实体

⑤ 保存：单击菜单栏中的"文件"按钮，在下拉菜单中选择"保存"选项，将实体模型保存在文件夹中。

2.1.4.3 装配步骤

（1）新建组件文件。

① 单击工具栏中的"新建"按钮，或者在菜单栏单击"文件"按钮后选择"新建"按钮；在弹出的"新建"对话框选择"组件"类型，并选择"设计"为子类型，"名称"为"shengouqiuzhoucheng"；同时取消"使用缺省模板"复选框前面的钩选，如图2-38(a)所示，点击"确定"按钮。

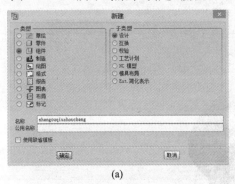
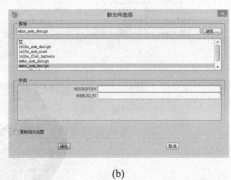

| (a) | (b) |

图2-38 新建组件文件

② 在"新文件选项"对话框中选择"mmns_asm_design"选项，选择国际标准单位格式，按"确定"按钮进入组件装配界面，如图2-38(b)所示。

（2）加载内圈。

① 单击"装配"按钮，弹出"打开"对话框，选择零件所在文件夹，选择"neiquan.prt"，将内圈调入组件界面，如图2-39所示。

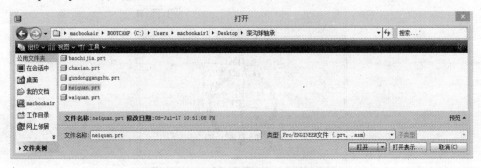

图2-39 将内圈调入组件界面

② 设置约束类型为"缺省",按鼠标中键即完成内圈的装配。如图 2 - 40 所示。

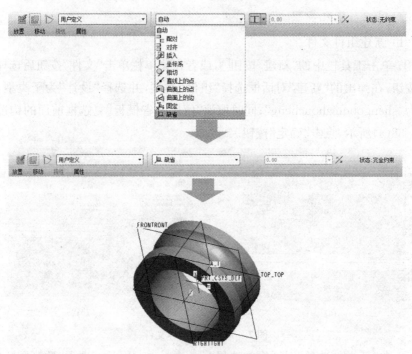

图 2 - 40　设置约束类型

(3) 加载左保持架。

① 单击"装配"按钮 ![icon]，弹出"打开"对话框，选择"baochijia. prt"；单击控制栏上"制定约束时在单独的窗口中显示原件"按钮 ![icon]，如图 2 - 41 所示。

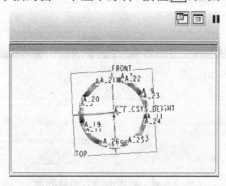

图 2 - 41　加载左保持架

② 单击装配操控板上的"放置"按钮出现"集1",单击"自动"下的第一个"选取元件项目"并在"单独显示窗口"中单击保持架的 A－1 轴;单击"自动"下的第二个"选取组件项目"并单击内圈的 A－1 轴,如图 2－42 所示。

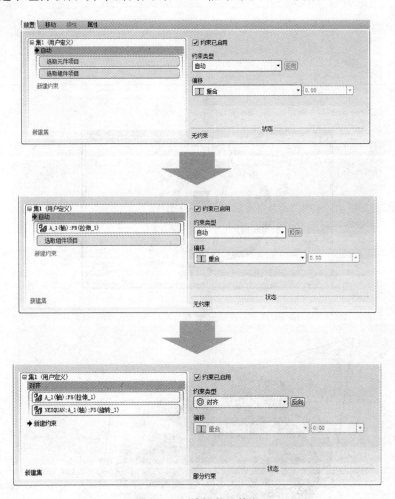

图 2－42 选择装配基准

③ 单击"集1"下的"新建约束"按钮,单击"自动"下的第一个"选取元件项目"并在"单独显示窗口"中单击保持架的 TOP 平面;单击"自动"下的第二个"选取组件项目"并单击内圈的 FRONT 平面,如图 2－43 所示。

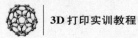

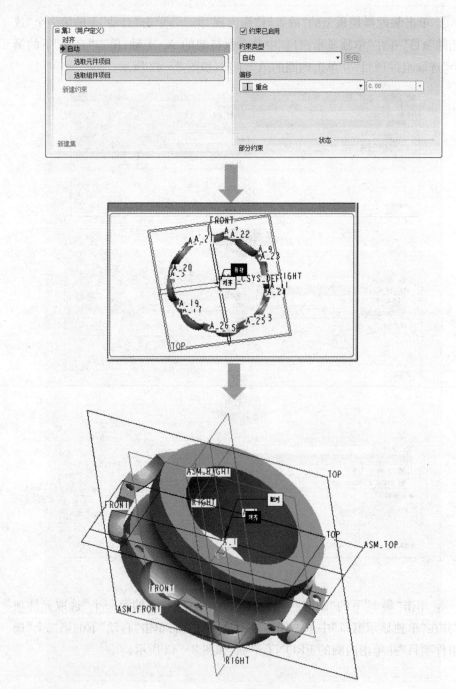

图 2-43　约束内圈与保持架

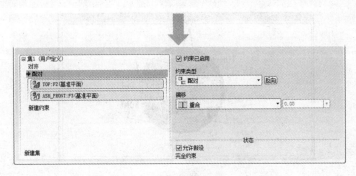

图 2－43（续）

④ 单击操控板最右侧的"确定"按钮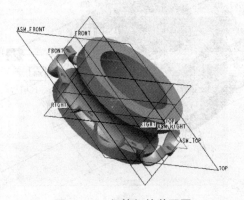，得到保持架的装配图，如图 2－44 所示。

图 2－44　保持架的装配图

（4）加载钢珠。

① 单击"加载零件"按钮，弹出"打开"对话框，选择"gangzhu.prt"；单击控制栏上"制定约束时在单独的窗口中显示原件"按钮。

② 单击装配操控板上的"放置"按钮出现"集 4"，单击"自动"下的第一个"选取元件项目"并在"单独显示窗口"中单击滚动钢珠的 A－1 轴；单击"自动"下的第二个"选取组件项目"并单击保持架的滚动钢珠套的 A－15 轴。

③ 单击"集 4"下的"新建约束"按钮，单击"自动"下的第一个"选取元件项目"并在"单独显示窗口"中单击保持架的 RIGHT 平面；单击"自动"下的第二个"选取组件项目"并单击保持架的滚动钢珠套的 FRONT 平面，并设置偏移距离为 0，按回车键，如图 2－45 所示。

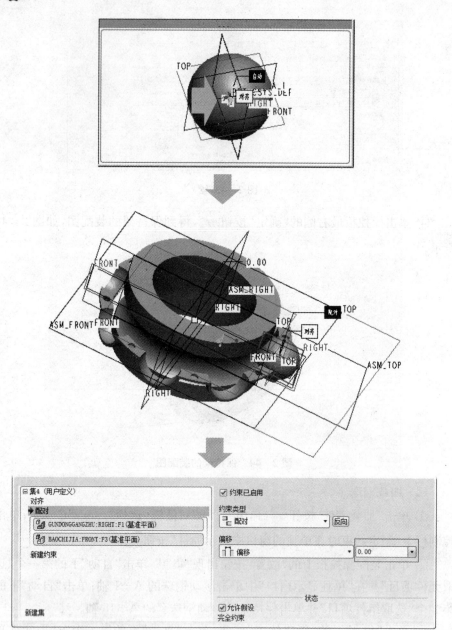

图 2－45　加载并约束钢珠

④ 单击左侧模型树中"GUNDONGGANGZHU. PRT"按钮,单击右侧主窗的"阵列"按钮▦,选择"轴阵列"选项,单击阵列操控板"选取 1 个项目"选项,选

中心轴 A-1 作为阵列中心基准轴,在"第一方向的阵列成员数"栏中输入 8,在
"阵列成员间的角度"栏中选择角度为 45°,按回车键可以看到阵列成员的位置;
单击操控板最右侧的"确定"按钮 ✓ ,得到阵列后的实体图,如图 2-46 所示。

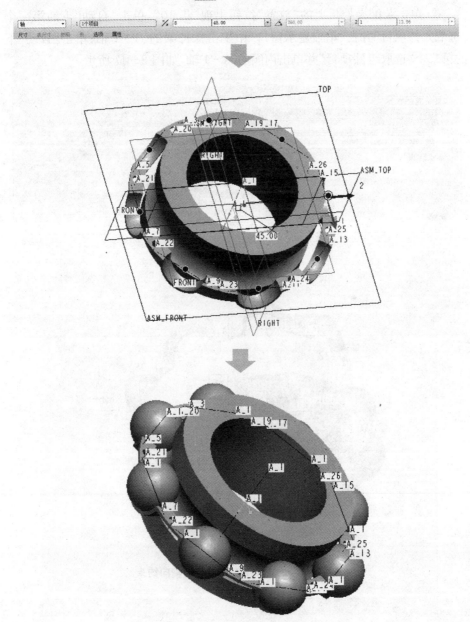

图 2-46 阵列得到钢珠实体

（5）加载右保持架。

① 单击"装配"按钮，弹出"打开"对话框，选择"baochijia. prt"；单击控制栏上"制定约束时在单独的窗口中显示元件"按钮。

② 单击装配操控板上的"放置"按钮出现"集 10"，单击"自动"下的第一个"选取元件项目"并在"单独显示窗口"中单击保持架的 A-1 轴；单击"自动"下的第二个"选取组件项目"并单击内圈的 A-1 轴，如图 2-47 所示。

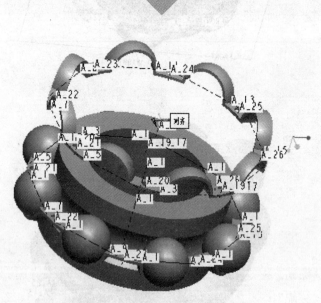

图 2-47 建立装配右保持架的轴向约束

③ 单击"集 22"下的"新建约束"按钮,单击"自动"下的第一个"选取元件项目"并在"单独显示窗口"中单击保持架底面;单击"自动"下的第二个"选取组件项目"并单击前一个保持架的底面,如图 2 - 48 所示。

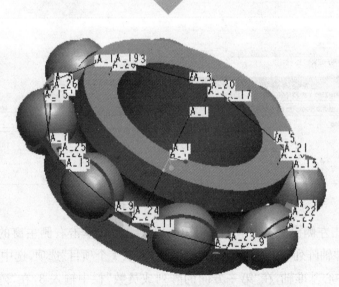

图 2 - 48 建立装配右保持架的接触面约束

(6) 加载插销。

① 单击"装配"按钮，弹出"打开"对话框,选择"chaxiao.prt";单击控制栏上"制定约束时在单独的窗口中显示原件"按钮。

② 单击装配操控板上的"放置"按钮出现"集 4",单击"自动"下的第一个"选

取元件项目"并在"单独显示窗口"中单击插销的 A-1 轴;单击"自动"下的第二个"选取组件项目"并单击保持架上插销孔的 A-21 轴。

③ 单击"集 11"下的"新建约束"按钮,单击"自动"下的第一个"选取元件项目"并在"单独显示窗口"中单击插销的 TOP 平面;单击"自动"下的第二个"选取组件项目"并单击内圈的 FRONT 平面,并设置偏移距离为 0,按回车键,如图 2-49 所示。

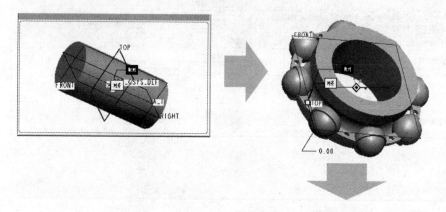

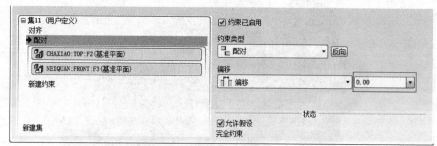

图 2-49　加载并约束插销

④ 单击左侧模型树中"CHAXIAO. PRT"按钮,单击右侧主窗的"阵列"按钮▦,选择"轴阵列"选项,单击阵列操控板"选取 1 个项目"选项,选中心轴 A-1 作为阵列中心基准轴,在"第一方向的阵列成员数"栏中输入 8,在"阵列成员间的角度"栏中选择角度为 45°,按回车键可以看到阵列成员的位置;单击操控板最右侧的"确定"按钮☑,得到阵列后的实体图,如图 2-50 所示。

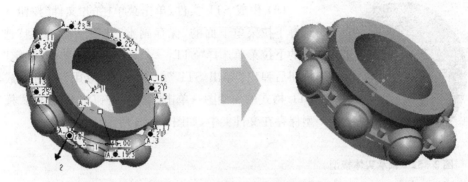

图 2-50　加载插销后的实体图

（7）加载外圈。

① 单击"装配"按钮，弹出"打开"对话框，选择"waiquan. prt"；单击控制栏上"制定约束时在单独的窗口中显示原件"按钮。

② 单击装配操控板上的"放置"按钮出现"集 1"，单击"自动"下的第一个"选取元件项目"并在"单独显示窗口"中单击外圈的 A-1 轴；单击"自动"下的第二个"选取组件项目"并单击内圈的 A-1 轴。

③ 单击"集 1"下的"新建约束"按钮，单击"自动"下的第一个"选取元件项目"并在"单独显示窗口"中单击外圈的 FRONT 平面；单击"自动"下的第二个"选取组件项目"并单击内圈的 FRONT 平面，如图 2-51 所示。得到轴承实体模型，如图 2-52 所示。

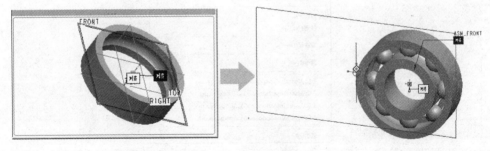

图 2-51　加载轴承外圈

（8）保存：单击菜单栏中的"文件"按钮，在下拉菜单中选择"保存"选项，将实体模型保存在文件夹中。

（9）生成 STL 文件：单击菜单栏的"文件"按钮→选择下拉菜单下面的"保存副本"选项→在"类型"选项的下拉菜单选择"STL（∗.stl）"选项→单击"确定"按钮后弹出"导出 STL"框→单击"应用"按钮生成 STL 格式的模型图→单击"确定"按钮将 STL 格式模型保存在文件夹中，如图 2－53 所示。

图 2－52　轴承实体模型

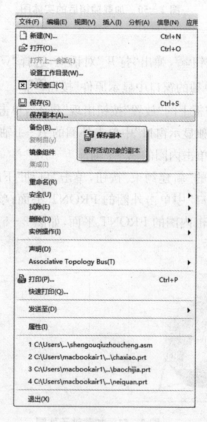

图 2－53　生成 STL 文件

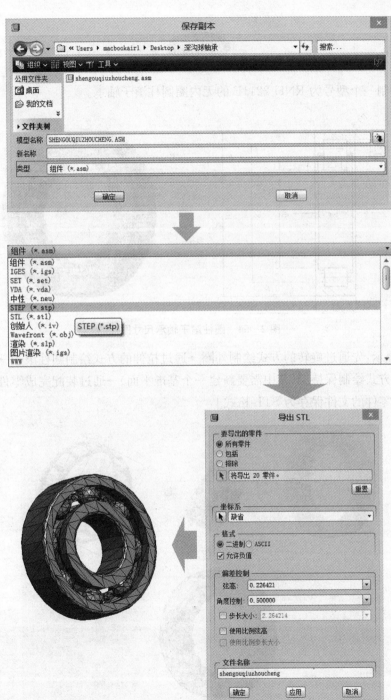

图 2-53（续）

思考题

绘制一个型号为 RNU 2211E 的无内圈圆柱滚子轴承。

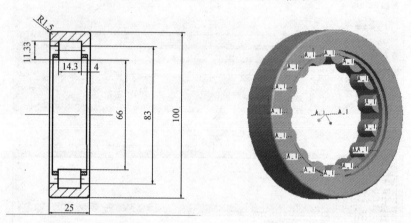

图 2-54　圆柱滚子轴承尺寸图

[提示:先通过旋转的方式绘制外圈→通过拉伸的方式绘制圆柱滚子→通过拉伸的方式绘制保持架(其中需要新建一个基准平面)→通过装配完成零件的装配→将零件的文件保存为 STL 格式]

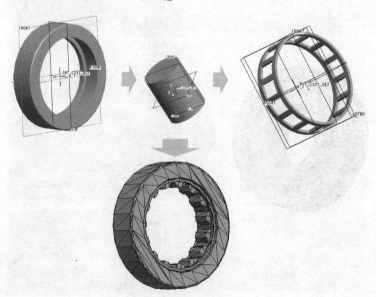

图 2-55　圆柱滚子轴承绘制步骤图

参考文献

[1] 徐文胜. Pro/Engineer 实用教程[M]. 北京：机械工业出版社,2013.

2.2　SolidWorks 简介及应用

2.2.1　SolidWorks 简介及特点

SolidWorks 提供一系列的三维产品设计,可以帮助使用者减少设计的时间,增加绘图的精确性,同时还能提高设计的创新性,从而可以设计更好的产品推向市场进行使用。据了解,SolidWorks 软件是世界上第一个基于 Windows 开发的三维 CAD 系统。该软件功能强大,组件繁多,已成为领先的、主流的三维 CAD 解决方案。

SolidWorks 是一种机械设计自动化应用软件,在机械设计、大型装配体设计方面都有很大优势,适合于三维建模初学者以及从事机械领域学习和工作的人群。SolidWorks 最大的特点在于易学易用,初学者很容易上手,掌握起来不困难。软件中图标的设计简单明了,绘图中的帮助文件详细,同时还支持中文和英文的语言切换,使得这个软件易学易懂。

此外,SolidWorks 提供了一套完整的动态界面和鼠标拖动控制,它的界面对于初学者来说很好接受,按住滚轴可以对图形进行旋转,还有放大、缩小、移动等控制都很好掌握。"全动感"的用户界面减少了很多的设计步骤,减少了多余的属性管理器,这样就很好地避免了整个界面的零乱,使整个界面看起来很整洁,同时也减小了用户使用的难度。SolidWorks 提供的 AutoCAD 模拟器,使得 AutoCAD 用户可以保持原有的作图习惯,更快地掌握其使用技巧,顺利地从二维设计转向三维实体的设计。SolidWorks 软件还处理了创作过程中存在的多重系统的问题,操作者可以通过运用 SolidWorks 软件对设计产品的数据进行关联性分析,从而使得设计过程更顺利、精确、简单。

2.2.2　SolidWorks 建模理论基础

SolidWorks 的设计方法有两种,"自下而上"设计和"自上而下"设计。

  "自下而上"设计方法就是将已有的零件配合、装配从而形成装配体。在传统的 CAD 系统中,大都采用这种设计方法。

  首先设计出各部分的组成零件,在 SolidWorks 软件中新建一个或者打开一个已存在的文件,绘制草图,生成这个零件最基本的特征,然后在这个模型上添加更多需要的特征。接着,再将绘制的二维草图生成三维零件,以此方法生成所有需要的零件。然后把设计好的零件插到装配体中,在装配体文件中进行各种零件的配合装配和定位,最后生成零件和装配体工程图。简单来讲就是分别生成零件图,随后新建一个文件将这些零件装配成装配体。如果想要更改零件特征或者数据,必须单独编辑零件,即在零件图中进行更改,随后在装配体和工程图中可以反映出设计者做的这些更改。

  "自下而上"的设计方法是比较传统的方法。"自下而上"设计法在以下两种情况下优先使用:第一种就是已经建造、使用的零件,第二种就是金属器件、皮带轮、马达等之类的标准部件。"自下而上"设计方法生成的装配体中的各个零件之间不存在任何关联关系,当装配体中的一个零件结构形式发生变化时,尺寸不会自动做出相应的改变。同样地,当装配体中的某个零件发生形状或者大小的改变时,装配体功能或者结构也不会做出自动调整。也就是说,零件之间的装配关系及尺寸的改变都得依靠设计者手动完成,在这种设计方法中 CAD 只是辅助作图的作用。

  如果想要使得 CAD 系统真正有效地工作,必须采用"自上而下"的设计方法。"自上而下"的设计方法就是,以零件的各种信息作为自变量,以其他和零件信息相关的参数通过几何继承、数学推导等方法获取的信息作为因变量。选取适当的约束条件和函数关系求解模型,构筑一个具有关联的体系。这样,当装配体中的某一个零件的参数发生改变时,与之相关联的参数,包括零件本身还有其他与本零件相关的零件的有关参数也会做出同步改变,这种方法就是"自上而下"的设计方法,也叫作"关联设计"。

  与"自下而上"的从零件生成装配体的方式不同,"自上而下"的设计方法是:从装配体生成零件。也就是在装配体中,从草图的设计开始,先定义固定的零件位置、基准面等,然后参考这些定义来设计其他的零件。由于 SolidWorks 软件自动加入了关联属性,如果修改了标注尺寸,其他几何图形的尺寸就会同步更新。

  不过无论使用哪一种设计方法,无论是在设计的进行阶段还是在设计完成后,在任何时候我们都可以随意对零件的特征、草图形状和尺寸重新进行修改,将特征重新排序,从而进一步完善设计,而我们对零件的修改也可以在装配体和工程图中同步反映出来。在我们的设计过程中可以随时生成工程图、装配体,或者是由零件、装配体生成工程图。由于零件、装配体及工程图三者的相关性,所以当其中一个视图发生变化时,其他两个视图也会随着自动发生相应的改变。

　　综上所述,设计时使用参数法,系统会自动记录几何建模的整个过程,也就是,系统不仅记录我们所设计的几何模型,同时还能记录设计者的设计意图即实体之间的关系。同样,修改零件形状或者参数时,只需要编辑零件的尺寸数值就可以实现形状的改变了。

　　SolidWorks 软件也是在 Windows 环境下的第一个三维机械 CAD 软件。采用 Windows 用户界面,有着强大的属性管理器,以草绘为基础,再使用特征等工具,还有 API 开发工具接口。这些功能使得 SolidWorks 拥有易用性、高效性和强大的绘图功能,并且提供了完整的产品设计的解决方案。目前,使用 SolidWorks 软件进行参数化建模的主要技术特点如下。

　　(1) 基于特征。将平面几何形状定义为特征,并将尺寸参数设为可调,进而形成实体,从而进行更为复杂的几何形体的构造。

　　(2) 全尺寸约束。这种约束可以将形状和尺寸联系起来,此时可以改变尺寸约束来控制几何形状。

　　(3) 尺寸驱动设计。通过改变尺寸数值来改变几何形状,也导致其他与之相关的模块中相关尺寸的改变,这种技术使得几何形状以尺寸的形式控制。

　　上述三种参数化建模方法中,基于尺寸驱动的参数化建模是通过对模型几何尺寸的修改实现对图形的修改,它是应用最为广泛的建模方法,也是最基本的方法。

2.2.3　SolidWorks 工具简介

　　打开 SolidWorks,我们可以清楚地看到 SolidWorks 2013 用户界面中包括菜单栏、工具栏、管理器窗口、图形区域、任务窗口以及状态栏等,如图 2-56 所示,其中我们绘图常用的有:工具栏、管理器窗口及前导视图工具栏。下面简单介绍一下使用方法。

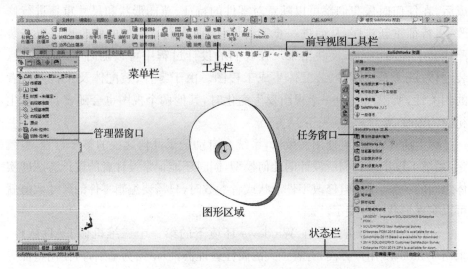

图 2 - 56 SolidWorks 用户界面

1. 菜单栏

用户可以通过菜单栏访问所有软件中的命令,使用方法就是 Windows 的使用惯例,这也是让用户更快接受其使用方法的一方面。

2. 工具栏

工具可以帮助用户快速找到常用的命令,工具栏中的工具可以根据用户设计时的需要进行移动、添加、删除或者排列。

3. 管理器窗口

(1) FeatureManager 设计树 中形象地显示出零件或装配体中的所有特征。创建好的特征会添加到设计树中,并且可以显示建模操作的前后顺序。和Pro/E 相同的是可以通过设计树编辑零件中的特征。

(2) 当设计一个特征激活一个命令时,其弹出的属性管理器会覆盖设计树所在的位置,而属性管理器的上方包括确定、取消、预览按钮。当结束这一命令后,设计树会重新出现。

(3) ConfigurationManager 即配置栏,可以让用户在文档中生成、选择、查看零件和装配体的多种配置,配置是单个文档内的零件或装配体的变体。

4. 任务窗口

在任务窗口中有 SolidWorks 资源、设计库、文件搜索器、搜索、查看调色板、外观/布景、自定义属性选项等,这些选项可以有效地帮助设计者提高绘图速度。

比如设计者可以在任务窗口的标准件库中,找到所需要的标准件直接插入到图形中,大大地提高了设计者的绘图效率。

5. 状态栏

是显示当前工作状态以及单位系统,提供设计者正在执行的有关功能的信息。比如设计出现问题时,在状态栏中会弹出执行问题。

2.2.4　花键轴的建模

上面是 SolidWorks 用户界面的简介,下面以机械常用零件——花键轴的建模过程为例,为大家介绍 SolidWorks 的用法。图 2-57 为花键轴的最终建模效果。

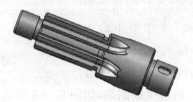

图 2-57　花键轴最终效果

1. 创建轴

新建文件,单击文件中的"新建",或者直接单击菜单栏中的新建按钮 ,此时弹出"新建 SolidWorks"文件的对话框,双击"零件"按钮或者单击"零件"按钮并"确定",即可创建一个新的零件文件。

2. 绘制草图

在设计树中选择"前视基准面"作为草图绘制基准面,单击"草图"工具栏中"草图绘制"按钮,将"前视基准面"作为绘图的基准面;使用"草图"工具栏中的"直线"按钮以及"中心线"按钮,在绘图区绘制轴的外形轮廓线,如图 2-58 所示。

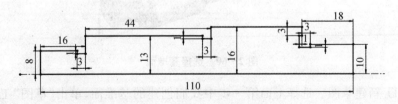

图 2-58　外形轮廓

(1) 标注尺寸。单击工具栏中的"智能尺寸",为草图轮廓添加尺寸。注意标注尺寸时应先标注花键轴的全长 110 mm,再标注细节尺寸,这种做法可以有效地避免草绘轮廓发生变化,标注完成后退出草绘。

（2）生成实体。单击"特征"工具栏中的"旋转凸台/基体",弹出旋转的属性管理器,选择草绘时的中心线作为旋转轴,选中"草图 1"作为旋转体,其他参数不变,这时就完成了轴的绘制。其中大家可以发现弹出的属性管理器已经覆盖了设计树,如果选取"草图 1"可以点击草绘平面上面的那个小加号,选择下拉列表中的"草图 1",或者在旋转之前就直接选中"草图 1",两种操作都可以。

（3）创建倒角。单击"特征工具栏"中的"圆角"下拉菜单中的"倒角"按钮。左边会弹出"倒角"属性管理器,选择倒角类型为"角度距离",在"距离"文本框中输入"1",在"角度"文本框中输入"45",输入完成后选取各个断定面的棱边,单击属性管理器中左上方的"确定",就会生成倒角,如图 2 - 59 所示。

图 2 - 59　倒角图

3. 创建键槽

创建基准面。单击"特征"工具栏中的"参照几何体"工具下拉列表中的"基准面",弹出"基准面"属性管理器。在第一参考中选择"前视基准面",第二参考中选择直径为 20 mm 的轴端圆柱面,单击"确定",生成一个与所选轴端圆柱面相切并且垂直于前视基准面的基准面。如图 2 - 60 所示。

图 2 - 60　选择基准面

（1）新建草图。选择上面第一步中我们创建的基准面,单击"草图"工具栏中的"草图绘制",在这个基准面上创建草图,选中"草图 2"基准面,鼠标右击,在弹出的菜单中单击"正视于",使绘图面平铺于视图中。

（2）绘制键槽草图。使用"草图"工具中的"直槽口"在基准面中绘制键槽草图轮廓并标注尺寸,如图 2-61 所示,绘制完成后退出草绘。

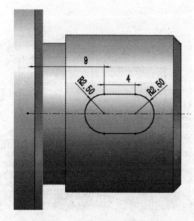

图 2-61 绘制键槽草图

图 2-62 切除键槽

(3)切除拉伸实体。单击"特征"工具栏中的"拉伸切除",弹出"切除—拉伸"属性管理器,设置终止条件为"给定深度",在"深度"文本框中输入"3",单击"确定",这时键槽的创建就完成了,如图 2-62 所示。

4.创建花键草图

(1)设置剖面视图。选择直径为 26 mm 的这段轴的左端面,单击"前导视图"工具栏中的"剖面视图",弹出"剖面视图"属性管理器,各项设置保持不变单击"确定"即可,此时我们可以发现这段轴的右端面的图形已经隐藏了。

(2)新建草图。选择上一步我们操作后显示的"左端面",单击"草图"中的"草图绘制",此时创建了"草图 3"。同样地,为了草绘的准确,我们要右击"草图 3"中的"正视于",左端面就会平铺在视图中,后面的草绘操作都需要执行这一步,下面就不再重复描述了。注意:我们的草图系统会自动进行更新,所有的操作在设计树中都会显示出来。

(3)绘制构造线。在"草图 3"上绘制过圆心的 3 条中心线,其中一条是竖直直线,图中会自动捕捉竖直方向,另外两条标注角度为"30°"。使用"草图"工具栏中的"圆"绘制一个与轴同心的圆,在属性管理器中标注尺寸为"19 mm",同时选中"作为构造线"作为键槽空刀的定位线,键槽空刀的定位线即后面形成键槽的刀的定位线。

(4)绘制草图。使用"草图"工具中的"直线"或者其他的操作命令,在"草图 3"中绘制初始草图,这个草图将作为扫描轮廓线,如图 2-63 所示。单击草绘工具栏中的"显示/删除几何关系",为上面绘制的草图添加与两条构造线"平行"的几何关系,即使绘制的图形与构造线平行。

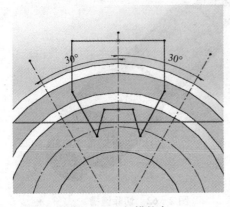

图 2-63　扫描轮廓

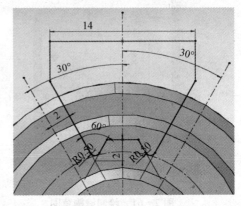

图 2-64　轮廓尺寸图

(5) 绘制圆角。单击"绘制圆角",为键槽空刀截面添加尺寸为"0.5 mm"的圆角。

(6) 添加相切几何关系。单击草绘工具栏中的"显示/删除几何关系"下拉列表中的"添加几何关系",为刚才绘制的键槽空刀截面 0.5 mm 的圆角与第三步绘制的直径为 19 mm 的构造圆添加"相切"的几何关系,完成之后点击"确认"。

(7) 标注尺寸。单击"智能尺寸",为刚才绘制的草图添加尺寸,切削截面的草绘图如图 2-64 所示。草图绘制完成后单击"草图"工具栏中的"退出草绘"。

在上述操作过程中,比较麻烦的是为绘图特征添加几何关系,注意如下两点:一是添加的时候关注顺序关系的,需要选择作为标准的构造线;二是不要给每条轮廓太多的约束,如果约束过多,则无法形成最终的草图。

5. 创建花键

(1) 新建草图。在设计树中选择"前视基准面"作为草绘基准面,新建"草图 4"。

(2) 绘制切除扫描路径。注意扫描路径与轮廓草图即"草图 3"必须要有一个交点,这也是为什么上一步将前视基准面作为此次绘图的基准面,因为前视基准面垂直于轮廓草图,并与草图轮廓相交。

(3) 标注尺寸。标注刚才绘制的扫描路径的水平尺寸为"46 mm",圆弧半径为"15 mm"。注意此时要根据刀具实际尺寸设置圆弧半径,圆弧部分必须超出直径为 32 mm 的轴颈表面,这样才能反映实际的加工状态,如图 2 - 65 所示。完成上述步骤后退出草绘。

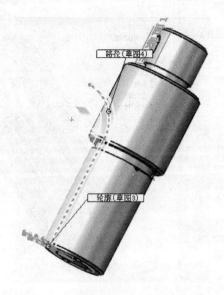

图 2 - 65　绘制扫描路径及标注尺寸

(4) 切除扫描实体。单击"特征"工具栏中的"切除扫描",弹出属性管理器,选择"草图 3"作为扫描切除轮廓,选择"草图 4"作为扫描切除路径。单击确定,此时完成了花键的创建。

(5) 创建临时轴。单击菜单栏中的"视图"下拉列表中的"临时轴"命令,选择"轴的中心线"作为临时轴线,将其作为圆周阵列的中心轴。

(6) 圆周阵列。单击"特征"工具栏中的"线性阵列"下拉列表中的"圆周阵列",弹出属性管理器,在属性管理器中选择上一步的"临时轴"作为圆周阵列的中心轴,在"实例数"的文本框中输入"6",勾选"等间距"前面的方框。在"要阵列的特征"的选项框中选择"切除一扫描 1",即将我们创建的花键作为要阵列的特征。完成上述步骤之后单击"确认",此时就完成了圆周阵列,如图 2 - 66 所示。

(7) 取消剖面观察。再次单击"前导视图"工具栏中的"剖面视图",取消剖面观察,之前隐藏的那段轴就显示出来了。

(8) 保存文件。单击菜单栏中"文件"下拉列表中的"保存",自定义文件名即可,由于上面是以花键轴为例,所以我们将文件名设置为"花键轴"。保存类型不需要改动,默认其类型点击"保存"就完成了花键轴的绘制。所有操作命令结

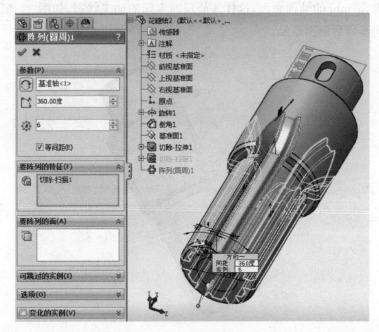

图 2‒66　圆周阵列后生成的花键轴

束后,我们可以按住鼠标滚轴对我们创建的花键轴进行观察,观察其是否符合我们最初的设计。如果有数据的出入,我们可以直接在设计树中选中需要改动的草图,右击选择"草图绘制",对草图进行修改,修改后退出草绘命令,再次对文件进行保存就可以了。

6. STL 文件的生成

选择并且打开想要打印的文件,点击菜单栏"文件"下拉列表中的"另存为"按钮,可以更改文件名。保存时要选择"保存类型"中的 STL (﹡.stl)文件格式,同时也可以更改文件存储位置,当所有的操作完成后点击"保存"。此时保存的文件即为可以在 3D 打印机上打印出来的文件。

思考题

参考下图的设计流程,完成组合体的建模和 STL 文件的导出(尺寸自定义)[3]。

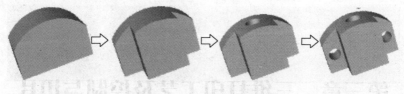

图 2 - 67　组合体建模流程图

参考文献

[1] 傅彩虹. SolidWorks 建模过程中草图绘制常见问题及解决方法[J]. 时代农机,2015 (8).

[2] 杨剑宇. 基于 SolidWorks 建模环境的 AutoCAD 图形文件植入方法研究[J]. 装备制造技术,2014(5).

[3] https://wenku. baidu. com/view/7e62260b79563c1ec5da71de. html.

第三章　三维打印工艺及控制与切片

3.1　主流打印工艺的原理及应用

主流的 3D 打印工艺主要包括分层实体成型工艺(Laminated Object Manufacturing, LOM)、立体光固化成型工艺(Stereo Lithography Appearance, SLA)、选择性激光烧结工艺(Selective Laser Sintering, SLS)、熔融沉积成型工艺(Fused Deposition Modeling, FDM)和三维打印工艺(Three-Dimension Printing, 3DP)等。

3.1.1　分层实体成型工艺

分层实体成型工艺(Laminated Object Manufacturing, LOM),于 1986 年在美国由 Michael Feygin 研制成功。成型原理如图 3-1 所示,它是使用涂覆有热熔胶的薄膜材料,并通过材料辊筒在这一层上面继续覆盖一层薄膜,然后通过滚压辊加热热熔胶使它们黏结在一起,最后使用激光束按照电脑程序设定的轨迹路线在单面箔材平面内照射切割轮廓线而形成平面模型。这些平面模型在滚压辊的滚压下一层层逐步堆积成型,最后制造出完整的零件模型,再去掉废料就是最后的成品。而那些废料被切成网格化则是为了方便消除。

分层实体成型工艺使用较多的是像纸一样的价格低廉的薄膜材料,制造出来的模型不仅外表极为美观,而且精度较高,因此被社会各界人士广泛关注,在产品概念设计可视化、砂型铸造木模、熔模铸造等领域运用广泛。不过,虽然 LOM 工艺有着各种各样的优点,但因为它在成型过程中,对材料的利用率不高,造成严重的浪费,且由于激光切割器成本高,原材料种类较少等原因,导致传统

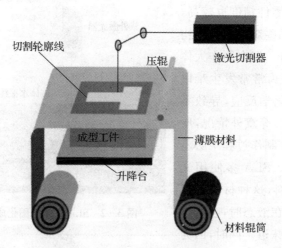

图 3-1　LOM 分层实体工艺原理

的 LOM 工艺逐渐退出历史舞台,并出现了 LOM 的改进技术,用物理特性、强度和韧性更好的 PVC 覆膜材料代替了传统材料,用切割刀代替了昂贵的激光器。

3.1.2　立体光固化成型工艺

立体光固化成型工艺(Stereo Lithography Appearance,SLA),又称立体光刻成型,Charles W. Hull 在 1986 年提出了立体光固化的概念并通过实际打印获得美国国家专利,是发展时间最早的快速成型制造技术之一。同年,Charles W. Hull 便创立了 3D Systems 公司,这是一家为了推广和商业化立体光固化成型工艺的公司。两年后,3D Systems 公司发布了世界上第一台应用于商业的快速成型打印机 SLA-250。如图 3-2 所示,SLA 工艺的工作原理是使用紫外激光器发出的激光照射在浸在光敏树脂溶液中的打印机工作平台上,使工作平台上的光敏树脂发生聚合反应,形成一个零件薄层。与此同时,刮板将会刮过零件薄层,刮平零件薄层上的粗糙处。然后,工作平台下降一个零件薄层的厚度,使得激光重新照射在光敏树脂上,形成新的零件薄层。就这样,重复不断地进行,直至整个零件制造完成。当整个零件原型制作完毕后,首先需要将零件取出,并且排净液槽中的光敏树脂。因为高黏度的光敏树脂的关系,这个过程将会持续数个小时的时间。接着将零件上的支撑去除,并在紫外光之下完成二次固化。

因为 SLA 工艺在成型过程中全自动运行,速度快,系统运行过程中相对稳定,且成型后的零件精度也较高,所以特别适合那些对精度和结构要求较高的零件。但在制作大体积的工件时,因为常常发生难以预测的物理和化学反应,导致零件发生翘曲变形等意外情况,所以支撑结构是在制作过程中必不可少的一部分。SLA 多使用光敏树脂作为材料,这种材料不仅价格高昂,而且在液态时,会发出刺鼻性、有毒的味道。同时,因为

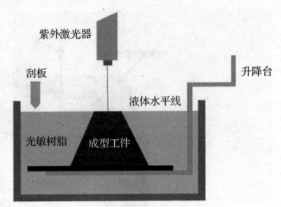

图 3-2　SLA 立体光固化成型工艺原理

光敏树脂在阳光下会发生聚合反应,所以必须要避光保存。SLA 工艺在第一次成型时未被完全固化,需要进行二次固化,且固化完成后的成型件的机械性能也不如使用常规材料制作的工件,其硬度太高,极容易发生碎裂现象,所以不能进行机加工。

SLA 工艺加工的产品成型精度能达到 0.05—0.2 mm。

3.1.3　选择性激光烧结工艺

选择性激光烧结工艺(Selective Laser Sintering,SLS),在 20 世纪 80 年代末由美国科学家 C. R. Dechard 提出并发明,随后 C. R. Dechard 创立了 DTM 公司并在三年后发布了基于 SLS 工艺的商业用快速成型打印机。打印机发布之后,DTM 公司并没有停滞不前,而是和 C. R. Dechard 的母校美国德克萨斯大学奥斯汀分校合作共同对 SLS 工艺进行深入研究,随着研究的不断深入,他们在 SLS 工艺方面取得了显著成果。德国的 EOS 公司在对 SLS 工艺的研究方面也投入了巨大的精力并成功开发了一些基于 SLS 工艺的快速成型设备,它所开发的快速成型设备在 2012 年的欧洲模具展上获得了广泛的关注。如图 3-3 所示,SLS 工艺成型的过程中,石蜡、尼龙等粉末状的材料在计算机控制的二氧化碳激光器发出的激光束的扫描照射下,选择性地烧结在一起,形成一个具有一定厚度的实体分层。而那些没有被激光扫描照射的地方,则还是呈原来的松散状态。等该层的成型材料烧结完毕后,工作平台就下降一个实体分层厚度的高度,使得滚压辊在实体分层上面重新铺上成型材料,激光束就开始新一层的扫描,这

样在不断地铺覆材料、激光束扫描中,零件最终制造成型。而且在成型过程中,由于零件的空腔和悬臂在未烧结的粉末状材料的支撑下不会发生翘曲变形,所以不需要像其他快速成型工艺一样,为零件添加支撑结构。

SLS工艺由于具有多样性的材料选择、简单的成型过程和较高的成型精度等优势,使得该工艺在模具制造、产品校核等领域有着广泛的应用前景,受到越来越多的社会企业的关注。但是,选择性激光烧结工艺同样具有在烧结过程中发出异味,打印设备工作环境较为苛刻等缺点。

工业生产中,经常采用 SLS工艺,对粉末材料(尼龙、聚丙烯等熔点低于170℃的高分子材料)进

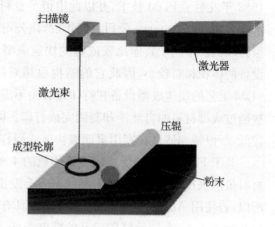

图3-3 SLS选择性激光烧结成型工艺原理

行激光烧结,产品广泛应用于航空航天、模具制造、汽车零部件、家用电器、文化创意、服饰、家居用品等领域(如图3-4、图3-5所示)。

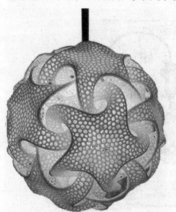

图3-4 SLS工艺在文化创意
领域的应用

图3-5 SLS工艺产品传动齿轮

3.1.4　熔融沉积成型工艺

熔融沉积成型工艺(Fused Deposition Modeling, FDM)。Scott Crump 在 1988 年发明了 FDM 技术,并以此申请了专利。同年,他便创立了一家推广该技术的公司,即 Stratasys 公司。四年后,该公司推出了首款商用 FDM 技术快速成型打印机。不同于其他比较成熟的快速成型设备,基于 FDM 工艺的快速成型设备的体积相对较小,因此它的结构也相对简单(如图 3-6 所示)。而且基于 FDM 工艺的快速成型设备在打印过程中不需要借助价格昂贵的激光器,它是直接通过成型材料的自然冷却凝固完成打印。同时,FDM 成型材料的价格也相对较低,所以特别适合在家用桌面级快速成型打印机领域应用。

基于 FDM 技术的快速成型打印机的主要材料是 ABS 和 PLA 材料。ABS 材料虽然强度较高,但处于熔融状态时会发出刺鼻性气味,并具有一定的毒性。所以,若使用 ABS 材料进行打印,要选在具有良好通风条件的地方,且该材料的热收缩率较大,会导致打印成品的精度变低,影响打印效果。而 PLA 材料则是一种生物可降解的环保材料,具有良好的抗拉强度和延展性,在加工过程中也不会发出异味,且成型零件精度较高。所以,相比于 ABS 材料,PLA 材料在 FDM 技术打印材料领域更受欢迎。

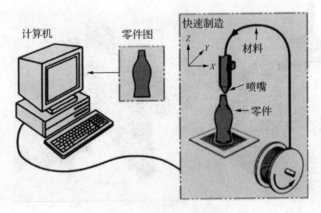

图 3-6　FDM 工艺原理

FDM 技术的关键就是保持打印材料始终处于熔融状态。但由于桌面级快速成型打印机结构简单,不具有使打印材料保持恒温的能力,所以,这对 FDM 工艺的成型精度有很大的影响,一般打印精度在 0.2—0.3 mm 之间,少数高端机能将精度控制在 0.1 mm 左右。此外,大部分基于 FDM 技术的桌面级快速成型打印机在打印过程中都会出现"台阶效应",这使得打印成品的精度进一步降低,很难达到我们所预期的效果。所以,基于 FDM 技术的桌面级打印机一般只在打印精度要求较低的场合使用。

FDM 工艺是优缺点对比很强烈的一种打印技术,是最早实现开源的 3D 打印技术,用户普及率最高,产品广泛应用于家电、通信、电子、建筑、玩具等领域(如图 3 - 7 所示)。

图 3 - 7 FDM 工艺产品

3.1.5 三维打印工艺

三维打印工艺(Three-Dimension Printing,3DP),于 1993 年由美国麻省理工学院(MIT)的 Emanual Sachs 教授发明。3DP 的工作原理如图3 - 8所示,它是将粉末状的材料均匀地铺覆在工作平台上,然后喷头在计算机的控制下,选择性地将黏合剂喷涂在工作平台规定的区域内,这些粉末状的材料在黏合剂的黏结下,形成一个零件实体分层截面。就这样不断地在实体截面上铺粉、黏结,最终将零件制造成型。这种打印工艺和我们现在所说的"3D 打印"是最为贴合的。与 SLS 工艺相比,它们都是采用粉末状的成型材料,但不同之处是,SLS 工艺采用激光烧结粉末使之黏结在一起,形成零件实体分层截面,而 3DP 工艺则是使用黏合剂黏结材料。

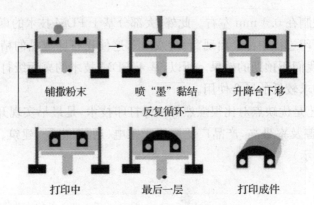

铺撒粉末　　　　　喷"墨"黏结　　　　升降台下移

反复循环

打印中　　　　　最后一层　　　　　打印成件

图3-8　三维打印(3DP)的工作原理

该工艺具有成型速度快,烧结后的成品机械性能良好的特点。同时,该工艺还可以打印彩色产品,这是其他快速成型工艺很难做到的。但是3DP技术也存在着很多问题,主要是因为零件成型精度由所使用的粉末状材料颗粒的大小决定,造成零件成品表面不光洁,成品质量不过关,需要后处理来加以完善。同时由于3DP打印是依靠粉末状材料黏结成型,造成成型件的强度不足,不能作为常规零件使用,只能当作模型使用,并且3DP打印工艺所使用的材料价格高昂,所以3DP技术大多数应用于专业领域,很少应用于实际制造。

3.1.6　现有打印工艺特点

快速成型技术之所以能够在这个日新月异的时代中脱颖而出,成为这个时代的新宠儿,就是因为它具有许多传统工艺所不具有的优点。

(1) 易用性高。能够轻易地加工出结构复杂(如空心,镂空,曲面等)的零件。而这些是传统工艺比较难以加工完成的。

(2) 工艺周期短,精度高。快速成型工艺无须借助其他辅助工具,直接将计算机中的三维数据模型通过快速成型打印机制造成型,省去了中间繁杂的工序,节省了生产时间。

(3) 成本低。因为减少了产品的生产工序,缩短了成品的生产周期,大大降低了生产成本。

1. 通过参观多种现有加工工艺设备,查找相关资料,总结各种主流加工工艺的适用范围。

2. 通过参观实验室,对实验室现有产品的加工工艺进行区分。

3. 通过观察 UV 光固化工艺的加工过程,简述 UV 光固化工艺在产品加工方面的优点和缺点。

4. 通过观察 3DP 工艺的加工过程,简述 3DP 工艺在产品加工方面的优点和缺点。

参考文献

[1] 徐文,杜俊斌,陈晓佳. 陶瓷 3D 打印工艺的选择[J]. 机电工程技术,2017,46(8):108 - 111.

[2] C. Over, W. Meiners, K. Wissenbach, et al. Selective laser melting:A new approach for the direct manufacturing of metal parts and tools[C]// Proceedings of the International Conferences on LANE. IEEE, 2001:391 - 398.

[3] http://www. custompartnet. com/wu/laminateD-object-manufacturing.

[4] http://www. custompartnet. com/wu/fuseD-deposition—modeling.

[5] http://www. custompartnet. com/wu/direct-metal-laser-sintering.

3.2　3DP 工艺的典型设备及控制系统分析

3.2.1　3DP 工艺的典型设备

3DP 技术改变了传统的零件设计模式,真正实现了由概念设计向模型设计的转变。20 世纪初期,3DP 技术在国外得到了迅猛的发展。美国 Z Corporation 公司与日本 Riken Institute 于 2000 年研制出基于喷墨打印技术、能够做出彩色原型件的三维打印机。该公司生产的 Z400、Z406 及 Z810 打印机是采用 MIT 发明的基于喷射黏合剂黏结粉末工艺的 3DP 设备。2000 年底以色列的 Objet Geometries 公司推出了基于结合 3D Ink - Jet 与光固化工艺的三维打印机 Quadra。美国 3D Systems[1]、荷兰 TNO 以及德国 BMT 公司等都生产出自己研制的 3DP 设备。

国内的清华大学、西安交通大学、上海大学、南京师范大学等高校和科研院所也在积极研发基于 3DP 技术的打印设备。3DP 技术在国外的家电、汽车、航空航天、船舶、工业设计、医疗等领域已得到了较为广泛的应用。

下面列举几种国内外的 3DP 打印设备,如图 3-9、图 3-10、图 3-11 所示。

图 3-9　南京师范大学和宝岩合作的 DOGO 580A　　　图 3-10　DOGO 580A 打印的产品

DOGO 系列打印机支持的材料有陶瓷粉末、金属粉末等,加工过程如下:通过喷头用黏合剂将零件的截面"印刷"在材料粉末上面,层层叠加,从下到上,直到把一个零件的所有层打印完毕。

图 3-11　3D Systems 公司的
　　全彩打印机 ProJet 660

图 3-12　ProJet 660 打印的全彩产品[2]

ProJet 660 所用材料为优质复合材料 VisiJet PXL,这款材料成本低廉,分辨率高,所生成的零件具有较高的硬度,可以打磨、钻孔、攻丝、上漆以及电镀(如图 3-12 所示)。

3.2.2 3DP 工艺的控制系统分析

3.2.2.1 3DP 工作流程

三维打印机(3DP)是一款能快速制作彩色三维物体的先进制造设备。图 3-13是其制作的成型流程。首先在计算机中建立三维物体的计算机三维实体模型,对其进行切片分层,得到一系列的二维切片,然后取出每层的成型信息,计算机根据每一层的成型信息分别控制各机构做协调运动。

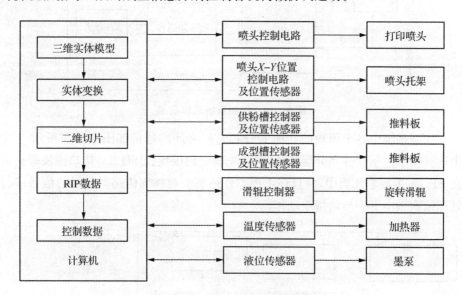

图 3-13 3DP 系统的成型流程

3.2.2.2 控制系统设计方案

3DP 控制系统由 5 个模块组成:上位机软件(RIP 处理)模块、FPGA 主控模块、喷墨控制(HP C4810A 喷头驱动方法以及喷头驱动)模块、运动控制模块、接口及数据传输模块(USB 及串口)。

图 3-14 是 3DP 控制系统的整体框架示意图。图中,喷头驱动板负责接收计算机处理过的二维点阵数据,并对 Y 轴电机增量型编码器的反馈信号做光栅解码,从而获得电机的当前位置和运动状态。运动控制卡 Euro 205X 负责接收控制面板的指令并控制 5 个电机的协调运动和执行计算机发送过来的清洗指令。喷墨控制和电机控制是在计算机的上位机喷墨控制软件协调下工作的。系

统主要通过 USB 接口和 RS-232 接口进行通信。

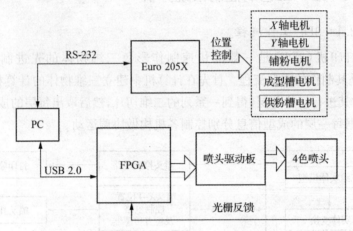

图 3-14　控制系统总体框架

控制系统中各个模块的功能划分和它们之间的通信如图 3-15 所示。PC 中运行喷墨控制软件和分层切片软件,光栅解码模块、USB 2.0 接口模块等集成在 FPGA 主控芯片当中,并且该主控芯片还负责对外部传感器获得的信号进行处理依次做出下一步的指令动作。

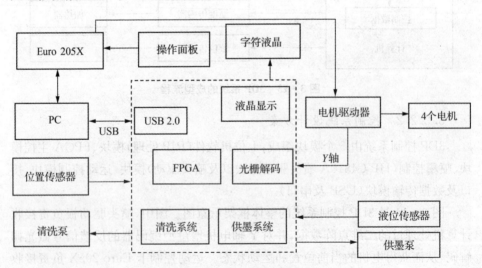

图 3-15　控制系统各模块功能划分

控制系统数据流程如图 3-16 所示。

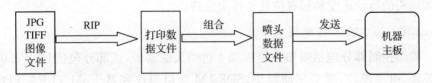

图 3-16 控制系统数据处理流程

3.2.2.3 上位机软件

上位机控制软件的功能是将各个模块组合在一起,使软件和硬件协调地工作,实现图像的打印功能,并控制设备的正常工作与工作状态的显示。上位机软件采用 C++ Builder 实现,与下位机的通信由 USB 接口和 RS-232 接口实现。

该模块的功能有以下几个方面。

(1) 设备及数据处理中各种参数的设置以及保存。

(2) 在指定的地方打开 TIFF 图片并显示,然后 RIP(光栅图像处理器)处理成点阵数据。

(3) 把 RIP 处理好的点阵数据转换成适合传输到设备内存的序列格式,并根据设备的数据请求发送到设备的内存中。

(4) 根据设备返回的参数以及操作员的控制操作对设备进行指令发送。

(5) 喷墨主控板可以正确地处理系统发送的数据并返回设备信息。

(6) 喷头控制系统可以正确地打印计算机传输过来的点阵数据。

3.2.2.4 FPGA 主控模块

FPGA 主控模块负责以下几个方面的功能。

(1) 数据接收阶段,将上位机发送过来的数据,通过 USB 接口以 DMA 方式对数据进行处理和存储。打印阶段,将 RAM 中的数据按照喷头的打印速度取出,并通过 8 位数据总线发送出去。

(2) 喷墨数据的读取和将并行数据发送给喷头驱动板。

(3) 电机的光栅计数,得出电机的当前坐标,作为喷墨数据的参考坐标发回 FPGA,再由 FPGA 通过 USB 回传至计算机。

(4) 打印数据的发送功能是把待打印的并行数据从 RAM 中依次读取出发送给喷头驱动板,然后驱动不同颜色喷头喷出墨水。依次取出数据的频率是由打印喷头的运动速度和相对位置坐标决定的。

3.2.2.5 喷墨控制模块

喷墨控制部分包括喷墨主控板和 4 色喷头驱动板,该部分包括 USB 2.0 接口模块、电源模块、喷头驱动模块、SDRAM 接口模块和基于 ALTERA FPGA 的主控模块等部分。

喷头驱动模块包括主控板内基于 FPGA 的驱动和喷头驱动两个部分,微型数字化喷嘴采用的是 HP C4810A 型号的热发泡式喷头,该喷头共有 308 个喷嘴,使用的是水性墨水,分辨率为 720 dpi。图 3-17 是该喷头的驱动原理图,图 3-18 是喷头驱动模块的数据处理框图。

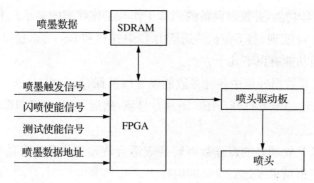

图 3-17　HP C4810A 喷头驱动原理

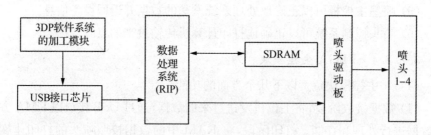

图 3-18　喷头驱动模块的数据处理

该数字化喷头驱动模块的功能有以下几个方面。

(1) 按照喷头驱动方法(时序图以及数据发送方式)可以令喷头中任意喷嘴喷墨或者不喷墨。

(2) 给出数据地址,喷头驱动器可以在 SDRAM 中读出数据并转换成喷头可接收的格式。

（3）闪喷选择允许时，喷头可以给定的合理频率（一般为低速）进行全部喷嘴喷墨动作。

（4）测试选择允许时，喷头可以给定的合理频率（一般为高速）进行部分喷嘴喷墨动作。

3.2.2.6　运动控制模块

运动控制由 Euro 205X 完成，它是一款欧式结构的数字运动控制卡。该控制卡可以控制 1 到 4 个轴的伺服或步进，或者是二者的任意结合。另外，此控制器还可以添加一块 Trio 的功能子板，实现对第 5 轴的控制或者扩充出一个通信通道。在本成型系统中，由于需要控制 5 个轴的运动，所以添加了一块功能子板以实现对第 5 轴的步进控制。只需要在 PC 上用 Trio Basic 编制多任务应用程序，通过串行口下载到 Euro 205X，并将其设置成"Standalone"模式，程序就可以脱机运行。Euro 205X 的 Trio Basic 多任务版本允许 7 个 Trio Basic 程序在控制器内按照优先级别同时运行。由于不同任务间可以共享数据及控制各个轴的运动状态，所以 Euro 205X 的多任务功能可以将一个复杂应用分解为不同的程序，这样可以单独对每个程序进行开发、调试和运行。

1. 技术要求

控制 5 个电机正确运动（2 个伺服电机，3 个步进电机）。

墨水自动供给。

喷头自动清洗。

液晶显示及操作按键。

2. 功能描述

电机控制：可以在计算机上位机软件中分别控制 5 个电机正反运动及测试功能，并可以设定运动参数让控制系统控制其完成设定的运动动作。

供墨系统：液位低时，墨泵可以正常工作以保持墨位在一定范围。

清洗系统：发出清洗指令，小车自动到达指定位置，并且清洗泵自动工作，进行抽吸或冲墨。

显示操作系统：可显示设备信息和当前的运动状态。

3.2.2.7　接口及数据传输模块

本三维成型系统各部分模块之间的通信方式主要有 USB 通信和串口通信两种。USB 部分的功能有数据传输和系统工作状态的获取，串口通信的功能包

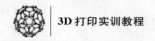

括 PC 通过串口对 Euro 205X 控制卡编程和通过串口接收各轴的当前运动状态,并根据当前状态决定后续的动作。

该模块原理如图 3-19 所示。

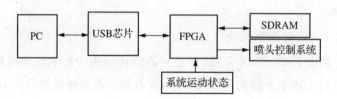

图 3-19 数据传输模块原理图

1. 技术要求

能够实现与不同传输速度的设备进行通信,可以按要求将数据高速(≥3 Mbps)地传输到设备上,也可与设备进行低速(3 Kbps 左右)数据交换。可以把数据暂存在内存上供系统其他部分使用(但掉电数据即丢失)。

2. 功能描述

使用 USB 2.0 接口芯片的 DMA 通道传输高速数据,使用普通通道交换低速数据。

高速数据经过 FPGA 进行地址记数并按顺序保存在 SDRAM 中,使用双缓冲系统以保证高速写内存和慢速读内存互相不冲突。

慢速数据经过 FPGA 进行处理并译码分别执行相应的指令,同时 FPGA 获取设备当前状态信息并通过 USB 接口返回 PC。

思考题

1. 总结 3DP 工艺的控制系统工作流程。
2. 从实验室的现有打印产品中,列举出至少两种 3DP 工艺加工的产品。
3. 3DP 工艺的控制系统属于几轴控制? 分别是哪些轴?

参考文献

[1] http://www.3dsystems-china.com.

[2] https://cn.3dsystems.com/3D-printers.

[3] 李轩,莫红,李双双,等.3D 打印技术过程控制问题研究进展[J].自动化学报,2016,

42(7):983-1003.

　[4] 张琳琳.紫外光固化成形用增韧材料的研究[D].武汉:华中科技大学,2006.

　[5] 周俊成.UV 固化胶粘剂的组成与性能及 HPMA 催化链转移聚合[D].杭州:浙江大学,2005.

　[6] 谢璇.紫外光光固化成形用混杂光敏树脂的研制[D].武汉:华中科技大学,2004.

　[7] 郭长龙,黄蓓青,魏先福,等.适于 3D 打印的混杂光固化体系的研究[J].北京印刷学院学报,2014(06).

　[8] 夏晓勇,陈捷.紫外光固化涂料用光引发剂的应用研究进展[J].广州化工,2014(22).

　[9] 谢彪,王小腾,邱俊峰,等.光固化 3D 打印高分子材料[J].山东化工,2014(11).

　[10] 熊洁.螺环原碳酸酯膨胀单体的合成及用于光固化树脂改性的方法研究[D].西安:第四军医大学,2011.

　[11] 刘海涛.光固化三维打印成形材料的研究与应用[D].武汉:华中科技大学,2009.

　[12] 翟媛萍.光固化快速成型材料的研究与应用[D].南京:南京理工大学,2004.

3.3　桌面型 3D 打印机的控制与切片

　　桌面型的 3D 打印机一般来讲都是四轴系统,分为 X、Y、Z 三轴(或 DELTA 型上下运动的三轴)和进丝端一轴。电脑里所使用的打印控制软件是和 3D 打印设备里的固件相匹配的,简单来说就是允许用户去控制设备、调整设备上的一系列参数,比如说要调整打印平台的 Z 轴高度,这个就只能在控制软件里进行操作。设备调整到位后,控制软件开始对模型进行切片,切片的主要作用就是规划与指挥打印机的四轴,使打印喷嘴按规划工作。

　　现在市场上主流的打印机控制软件有 Repertier-host、Cura 3Dstar 等,它们切片的内核引擎又有很多种,每种控制切片软件都有受用户喜爱的功能。Cura 这个软件对应的是 Ultimaker 型的 3D 打印机,因为已经开源所以它也可以被其他的 3D 打印设备所使用。3Dstar 软件是先临三维桌面 3D 打印设备所使用的控制与切片软件。

3.3.1　切片的实现

　　当一个实体模型输入后,切片软件按照指定的厚度对实体模型进行切层,然后在切出的每一个平层上进行规划,一个 3D 模型的外表面可以理解为"皮",在切片的参数里它可以用一层、两层甚至三层或者多层的丝来代替,"皮"由几层丝来组成这完全取决于使用者的经验,一般默认设置为两层。此外一个正常 3D 模型的外表面应该是完全封闭的(没有破面破洞),所以在切片的时候它就会切出一个或多个连续的外表面围合起来的区域,这些区域也就是所谓模型的"内"部了。考虑到要节省打印的时间,同时又能保证模型有足够的强度,所以这个"内"部,一般来讲不会是空的薄壁件,也不会是实心完全填满的——除非对于这个模型的强度有特别高的要求,否则一般使用时都会把模型内部的填充设置成为蜂窝的形状。所以切片后的一个平层,就会被规划为很多的路径,既要考虑模型外表面,也要考虑模型的内部(一般把它叫作填充)。模型的层厚设置为多少,完全取决于使用者对于模型的具体要求。

在打印操作时,机器运作过程如下:Z 轴定位到指定层(也就是 Z 轴的高度),然后由 X、Y 两个轴配合进行运动,以完成上面说的这个路径,也就是模型的外表面和内部的填充,同时进丝端这个电机也在配合着进行运动。常规的认识是这个进丝端是一直往下挤丝的,其实不然,因为在模型路径规划的时候,进丝电机不一定是一直都向下挤出,有的时候会需要在这边走两步,然后又要到另一端去走两步(比如镂空的花瓶),那么在从这端到那端的过程中,是不能往下挤丝的,甚至还要考虑到 3D 打印耗材热膨胀的特点,需要进行一个回抽的动作。整个打印过程如下:当 3D 打印机被设置好,一个模型路径的文件(GSD)放入 3D 打印机里,进丝端打印耗材也准备完毕,开始进行 3D 打印,Z 轴抬升到相应的高度,然后 X、Y 两个轴的电机和进丝端的电机就相互做配合,完成了一个平面上所有路径的规划,也就是完成这单个平层的"画","画"完这层之后 Z 轴的电机就会下降一层,然后再由 X、Y 轴和进丝的电机配合进行"画画",经过了几十层上百层甚至几千层这样的绘画,最终就得到了 3D 打印的实体模型。

3.3.2 切片的过程

3D 打印的切片过程包括:模型的放置、打印空间的利用、参数设置、支撑设置、基座和剥离系数设置以及打印温度设置。下面分别对每个过程加以介绍。

3.3.2.1 模型放置

模型的放置对于 3D 打印来说是必要且关键的一步。考虑到 3D 打印制作实体模型,是一个由三维数据转换为分层规划路径,然后再由 3D 打印机的四轴配合协同,最终制作成实物的过程,所以在这个过程中,各方因素的配合,就必须有一个充分而完善的规划。比如将模型导入切片软件后,首要的设置要考虑模型的放置。一个模型的放置,必须在所属 3D 打印机所能打印的范围之内,也就是打印的最大幅面内。如果在模型放进了这个立方体空间之后,发现打印机提示已经超出了范围,那就应该检查一下,是模型尺寸过大,还是模型没有放对位置,在 X、Y、Z 三个轴的某个方向上超出了范围,超出范围就会导致切片软件没有办法进行识别。一般而言,建议在进行软件建模的时候,都应该考虑设计或设置一个相对稳定的平面,打印时把它落在打印平台底部,这样可以有一个相对稳定的基础,有利于打印的成功进行。但是如果模型中实在没有一个相对平整的平面可以落到这个平台上,那就必须考虑点状的接触,也就是一个曲面和打印平台底面进行接触,此时就需要添加支撑,因为只有加入了支撑这个"脚手架",这个模型才可能稳定地落在这个平面上,否则不可避免的晃动将导致打印失败。举个例子,要打印一个高尔夫球,必须要添加支撑,如果不添加支撑,高尔夫球的底部只有一点点和平台进行接触,那很可能在打到一半的时候,就会因晃动而导致打印失败,所以模型的放置非常重要。另外,有经验的使用者往往在打印相对较大的模型时,会对它进行多块的切割,这样的切割一般来讲也都是横平竖直的,一方面是为了便于组装,另一方面也是为了让这个平面坐落在打印机的平台上。但如果能够在设计的时候,充分地考虑到 3D 打印的要求和特点(指在模型上,要留下相对平整的表面),就可以减少模型打印前的处理和模型打印完成之后的处理的步骤。

3.3.2.2 打印空间的利用

3D 打印的第二步,就是怎么样充分利用最大打印尺寸的空间。因为 3D 打印机还处于一个初生阶段,它的成型效率不是很高,打印一个模型,往往需要很长时间,为了减少等待的时间,就可以考虑如何充分利用 3D 打印机的最大打印尺寸空间。比如打印一个高尔夫球,所需要花的时间是 3 小时,那么就可以把 4 个或者 6 个集合在一起进行打印,充分利用 3D 打印设备的整个平台平面,这样做的好处是只要做一次打印前的准备,进行一次打印后的拆卸模型的工作就可以了,可以极大地节省使用者的工作时间。但是如果单个的模型整体的尺寸是超出最大打印尺寸空间的,比如 Einstart-S 型 3D 打印机的最大打印尺寸长宽高都是 16 cm,要打印一个小台灯,它的高度是 18 cm。设计者需要把小台灯的灯柱和灯头都进行分别的设计,将整个模型分为六个部分,把这六个部分都集合在一起,放在打印平台的一个托盘上面进行同时打印,这样不仅节约时间,而且一起打印好之后再进行组装,也不会产生分开打印带来的零部件分散、无法配成一套的问题,如图 3-20、图 3-21 所示。这就是充分利用了 3D 打印机的最大打印尺寸空间。

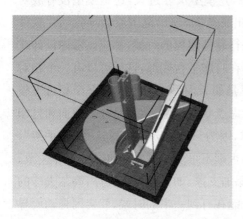

图 3-20 台灯拆分后的排版图

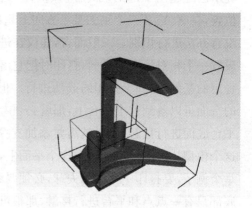

图 3-21 台灯组合装配图

现在还有一些 3D 打印的服务企业,它不只是在 X、Y 的平面方向上要空间,还在高度上要空间,也就是当需要打印的模型高度不是很高,且同时需要打印很多套的时候,就可以在每个平层的模型之上再设计一个架子,在单层模型上面再继续打印两层三层四层,一直到多层(如图 3-22 所示),这样安排一次打印任务,可以同时打印出多个模型来。虽然那些支撑和架子会增加打印时间和浪费耗材,同时会增加后续的后处理工作量,但是如果设备稳定的话,就可以把它想象成为一个无人值守的工厂,只要把任务安排下去,机器就在那边自动进行操作,相对于 3D 打印机器的精密制造来讲,后续进行一些简单而必要的处理还是很方便的。

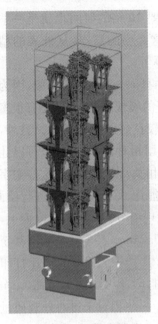

图 3-22　空间安排图

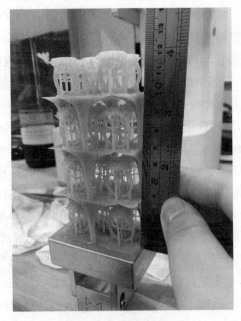

图 3-23　戒指的蜡模图

　　如何摆放对于空间利用也是非常关键的,比如用刚才提到的这个打印机打印,在 X、Y 方向上最大的尺寸都是 16 cm,但如果要打印一个细长的杆子,那么利用 XY 轴的对角线(45°)就可以打印得更长。那如果更进一步,将物体的 Z 方向沿着这个平面的对角线(45°)进行一个倾斜,就可以把这个细长的物体打印得更长了,比如打印一架战斗机,如果把它按照刚才所讲的方法进行摆放的话,那么在一台 16 cm³ 的打印机里,它甚至有可能打到超过 20 cm 的长度。

3.3.2.3　参数设置

　　下面进行具体的参数设置。桌面型 3D 打印机的喷嘴,主流的尺寸是 0.4 mm,也就意味着从喷嘴里挤出来的那一根根细丝凝固之后的直径是 0.4 mm,所以一般 3D 打印机的层厚都是在 0.4 mm 以内的。考虑到精细度的要求,层厚数值越小,模型的外表面就过渡得越均匀,可以使模型展示得越精细。有一些切片软件称理论上可以将层厚设置到 0.02 mm 所追求的目标也在于这里。但是,我们来算一下工作时间:一个高度为 3 cm 的模型,如果按照 0.02 mm 进行切层,需要工作的层数是 1 500 层,而如果按照常规 0.2 mm 来进行切层,需要工作的层数是 150 层,二者之间的速度相差了 10 倍。如果按后者成型需要 2.5 小时来计算的话,那么前者需要 10 倍的时间也就是一整天的时间才能完成任务。所以一般来讲不会采用这么小的层厚,从外表的精细度来看,0.1 mm 已经是可以让很多人满意的层厚了。

那何时需要用到 0.1 mm 的层厚?例如需要打印一个人体的头像,因为面部需要比较光滑,而且很多细节需要得到一个良好的展现,同时面部还有很多曲面,所以这个时候用 0.1 mm 的层厚,就能够有比较良好的打印效果。另外,如果模型的立面上有很多花纹、文字或图案,也建议用相对较小的层厚,可以让这些细节更好地展现出来。这也跟摆放位置和方式相关,因为如果把这些文字和图案放在 XY 平面上去画,受喷嘴直径的限制,只能用 0.4 mm 喷嘴进行绘画,那就很难把这些细节展现出来,如果把这些需要展现细节的部分放在立面上,由于 Z 轴层厚最小可以达到 0.025 mm,那就可以用 0.2 mm,甚至 0.1 mm,甚至更小层厚的丝去把它展现出来。此外很多打印机提供了一个所谓的快速打印模式,其实它就是用最大的层厚也就是 0.4 mm 进行打印,因为 0.4 mm 跟 0.1 mm 相比,原则上它的速度是 0.1 mm 的四倍,如果打印一些相对来讲对外观质量要求不太高的模型,就可以用这个更快的速度去快速成型所需要实现的模型。

3.3.2.4 支撑设置

接着进行支撑的设置,3D 打印实物上面的支撑,是让很多使用者又爱又恨的,因为有很多部位如果不添加支撑,就会打印失败,但如果添加过多的支撑,又会让打印后的后处理工作量急剧加大,同时也会使用更多的打印耗材,并占用更多的打印时间。在 3Dstar 软件中,这个模块被设置为:内部支撑、外部支撑和无支撑。支撑的作用就像"脚手架"一样,撑起那些容易下垂的模型部分。比如一个人体模型有两只下垂的手,手下方是悬空的,如果希望一次性把它打印出来,那就只能设置支撑了。如果支撑的底部是坐落在后一步所讲的"基座"上的,被称为外部支撑,如果它的底部是坐落在模型上的,就被称为内部支撑。比如打印一个有胡子的男人,这个胡子的部分是需要设置支撑的,胡子的支撑底部是坐落在这个人的胸口上的,那么这样的支撑被称为内部支撑。

还有一些切片软件会设置比较好剥离的支撑,像鸟窝一样,既保证了打印的稳定性和成功率,也让后期的处理变得更加方便。其实,打印模型需设置支撑这个问题,应该在设计的时候就注意加以避免,或者得到解决。比如 Autodesk 公司有一款软件叫 Meshmixer,它可以为需要打印的模型文件添加树枝状的支撑,树枝状的支撑相对密集型支撑可以较少地使用打印材料,同时在进行后期处理的时候,也会更加方便。

3.3.2.5 基座和剥离系数设置

第五步,设置基座和剥离系数。基座就是一个模型的地基,有地基可以让模型的打印更稳定,稳定就是打印质量的保证和成功的保证。桌面型 3D 打印机平台面和 XY 轴运动方向是否能保证水平,也是关系到打印成功与否的一个重要条件,这也就是所谓的调平,而基座有的时候也能够起到对局部进行微调平整的作用。有一些 3D 打印机自带热场,也就是底部平台是可以加热的,有此功能的 3D 打印机不需要设置基座,因为当平台加热了以后,可以保证打印出来的模型和平台有较好的黏性,可以稳定地固定在平台上。这样的打印机打印出来的模型底面,还是比较光滑的。

打印机平台之上是基座,基座之上就是需要打印的实体模型,那么这个实体模型和基座之间,应该达到一个均衡的关系,就是既能够粘得住,也能够在打印完成之后,相对容易地分离开来,这个时候就要用到剥离系数了,剥离系数是指模型本体的第一层与基座之间的距离是多少。如果两者之间距离过远,那基本上就是不贴合的,也就是连接得相对宽松,稍微动一下就可能松脱开来。如果两者之间间距很小,几乎是紧紧地贴合在一起,那模型的本体和基座就黏合得过于牢固,最后就有可能导致两者之间无法拆分开了。所以剥离系数越大,就代表着距离越远,越容易剥除;剥离系数越小,就代表着距离越近,结合得越紧密。剥离系数的大小,既取决于打印耗材的特性,也跟当时打印外环境的温度有一定的关系。不同的打印耗材的热胀冷缩程度是不一样的,流动性也不一样,此时要注意设置不同的剥离系数。如果外环境的温度过低、收缩过强,剥离系数就要设置得小一点,反之,剥离系数就要设大一些。

3.3.2.6 工作温度设置

第六步,设置打印工作温度。虽然,每一个打印丝的厂商都会把它适用的打印工作温度标示在打印丝的耗材盘上,其实应该根据实际情况随时增加或者降低打印丝工作的温度,来进行一些调整。比如冬天的时候,出丝后收缩比较厉害,那就可以把打印丝工作的温度适当增加 5—10 ℃;又如对于刚才所讲的剥离系数,如果调剥离系数一直解决不了基座和模型本体粘黏的问题,那么可以把打印的工作温度适当降低 5 ℃;再如,有时发生了打印丝堵塞等故障,增加打印喷头温度,可以帮助清理喷头中堵住的材料。

思考题

1. 简述切片的主要过程。
2. 如何最大化地实现打印空间的利用？
3. 简述剥离系数的设置原则。

参考文献

[1] 邬宗鹏.FDM工艺参数对成型制品尺寸精度影响的研究[J].赤峰学院学报(自然科学版),2015(1).

[2] 李星云,李众立,李理.熔融沉积成型工艺的精度分析与研究[J].制造技术与机床,2014(9).

[3] 王红军.增材制造的研究现状与发展趋势[J].北京信息科技大学学报(自然科学版),2014,29(3).

[4] 孙智强.我国3D打印产业发展现状及前景展望[J].江苏科技信息,2014(6).

[5] 李小丽,马剑雄,李萍,等.3D打印技术及应用趋势[J].自动化仪表,2014(1).

[6] 陈雪.国外3D打印技术产业化发展的先进经验与启示[J].广东科技,2013,22(19).

[7] 卢秉恒,李涤尘.增材制造(3D打印)技术发展[J].机械制造与自动化,2013(4).

[8] 杨继全.三维打印产业发展概况[J].机械设计与制造工程,2013(5).

[9] 朱洪军,张亚.基于位置有效性检测的环形刀路偏置算法研究[J].组合机床与自动化加工技术,2013(3).

[10] 王忠宏,李扬帆,张曼茵.中国3D打印产业的现状及发展思路[J].经济纵横,2013(1).

[11] 李成.基于FDM工艺的双喷头设备开发及工艺参数研究[D].南京:南京师范大学,2014.

[12] 施建平.基于FDM工艺的多材料数字化制造技术研究[D].南京:南京师范大学,2013.

[13] 张鸿平.基于CAN总线的FDM网络化控制系统设计及G代码实现[D].武汉:华中科技大学,2011.

[14] 张君正.高性能STL模型的布尔运算研究[D].武汉:华中科技大学,2007.

[15] 李伟.熔丝沉积成形填充路径优化及其软件研究[D].武汉:华中科技大学,2005.

[16] 龙瑞.快速成型直接切片技术研究[D].南京:南京理工大学,2003.

[17] EVANS B. Practical 3D printers: the science and art of 3D printing [J]. Linux Journal,2012.

第四章　FDM 设备的应用

4.1　设备打印精度分析

4.1.1　多种工艺打印精度介绍及误差分析

在现有的打印工艺中,立体光固化成型工艺打印的精度等级是最高的,其打印精度能够精确到 0.02—0.2 mm,常常被应用于那些拥有复杂结构的零件或者精度要求高的零件的打印,并且在微机加工领域也应用广泛;选择性激光烧结工艺的打印精度则完全依赖于使用材料的种类和粒径,并且与打印零件的复杂程度和几何形状也有直接关系;分层实体成型工艺的打印精度较高,在 X、Y 方向,打印精度能够达到正负 0.1—0.2 mm,在 Z 方向,打印精度能够达到正负 0.2—0.3 mm;而熔融沉积成型工艺的打印精度则比较低,打印精度在 0.2—0.3 mm。

在 FDM 工艺快速成型的过程中,如图 4-1 所示,能够影响 FDM 打印精度的因素有很多,但将这些因素归结起来,主要分为预处理误差、成型过程误差以及后处理误差三个

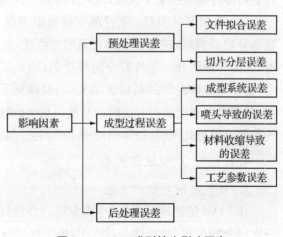

图 4-1　FDM 成型精度影响因素

方面。

4.1.1.1　预处理误差

1. 文件拟合误差

在 3D 打印时,因为快速成型系统只能识别 STL 数据格式,所以我们要先将设计好的三维数据模型转换成 STL 格式,这就给我们成型后的零件带来了误差。因为 STL 格式是以小三角面片的形式来近似逼近 CAD 模型,这种近似网格化的过程,对零件的真实三维数据造成了破坏,降低了模型的成型精度。采用该数据格式在处理平面的时候,因为采用的三角面片对平面完全贴合,所以基本上没什么误差。但是在处理一些复杂曲面的时候,由于三角面片不能够完全贴合曲面,则会造成一定的误差。特别是在处理模型的交接处时,有可能会出现缝隙、畸变和重叠等意外情况,降低零件的成型精度。

2. 切片分层误差

和传统需要对整个零件加工不同,快速成型打印工艺不是将整个零件直接打印,而是通过计算机将原来的三维数据模型进行分层,并规划好零件的填充轨迹,这样就形成了数控程序文件(CLI 文件),这个过程也降低了零件的成型精度。

(1) 格式带来的误差。快速成型系统在加工时所使用的数控程序文件采用的是 CLI 格式,该格式是采用直线贴合曲线的方法来获得零件层轮廓,这一过程也给零件成型带来了误差,降低了零件的成型精度。

(2) 分层厚度误差。零件的三维数据表面本该是连续的,但在对数据模型进行分层处理时,破坏了零件表面的连续性,造成了层与层之间的数据丢失,同时,也因为数据分层是具有一定厚度的,因此零件在成型过程中会出现台阶现象,这使得零件表面的粗糙度增大,同时降低了零件的成型精度。针对该种情况,我们可以通过减小分层时的厚度来减小台阶的大小,以此达到提高打印精度的目的。但与此同时,打印机的加工时间会因此提高。

4.1.1.2　成型过程误差

1. 材料收缩导致的误差

在 FDM 快速成型工艺中,成型材料将经过加热熔化、挤出成型、冷却凝固三次相变的过程,而在这个过程中,由于成型材料从固体转变为液体,再从液体转变为固体,体积发生了两次变化,这会导致内应力的产生,而这些内应力会使得零件在成型过程中发生脱层现象,增大打印时的误差。

2. 喷头导致的误差

在 FDM 快速成型工艺中,材料的沉积粘连性能、丝材流量及挤出丝的宽度都受喷头温度的影响。如果喷头温度太低,会导致材料未完全融化,流动性差,那么挤出丝的速度将会降低,这样很有可能会导致丝束堆积在喷头处,造成喷头堵塞。同时,这样也会导致成型材料的黏结强度不够,造成层与层之间的脱离。如果喷头温度太高,那么材料会趋于液态,其流动性能也会随之增强,这样就会造成材料从喷嘴中的挤出速度过快,导致上一层的材料还未冷却完全时,新的一层成型材料已经涂覆在上一层的分层截面上了,使前一层截面损坏。所以,喷头温度对快速成型工艺的成型精度起至关重要的作用。我们应该根据每种材料的熔点合理选择喷头温度,保证成型材料在挤出时呈熔融状态。

3. 成型系统误差

零件热应力的大小和成型室的温度有着直接的关系。如果成型室的温度太高,那么热应力会相对减小,但是也会造成成型材料的冷却时间加长,导致零件在成型过程中由于来不及凝固而发生层面倒塌。而成型室温度太低,则会增加成型件的热应力的大小,最后导致零件在成型过程中发生翘曲变形的现象,影响打印效果。

4. 工艺参数误差

挤出速度指的是在一定时间内,喷头单位面积流出的丝束体积。填充速度是指喷头沿着填充轨迹在单位时间内的填充量。如果挤出速度快于填充速度,则会造成挤出的丝束量超过填充轨迹所需要的丝束量,导致材料会堆积在某一段填充轨迹上,影响零件的成型效果;如果挤出速度慢于填充速度,那么会导致在填充轨迹处的材料填充不足,使得成型件的高度不能达到预期效果。所以,必须使挤出速度和填充速度成一定的比例,这样才能保证成型过程的正常进行。

4.1.1.3　后处理误差

打印完成后的成型零件因为成型系统的原因必然会出现一些不尽人意的地方,所以还需要对成型零件进行一些后续处理。对零件的表面进行一些修整处理时,很可能会使得零件表面的某一个地方缺失,或者在剥离成型零件的支撑结构时,可能会导致零件精度的下降。

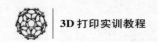

4.1.2 设备打印精度改善措施

对于预处理误差。预处理误差主要是在 STL 数据格式的转换和对零件数据模型分层的时候出现的,我们可以通过一些专业的软件(如 Geomagic Studio),对这些零件的数据模型进行修补,增加小三角形面片贴合曲线的质量,来减小成型时的误差,同时能弥补在分层时造成的层与层之间的数据损失。并且,对分层厚度也要根据不同的需要,进行适当的选择。

对于成型过程中的误差。在成型过程中,各种各样的意外情况或者对成型参数的计算不足会引起误差。我们应该根据不同的零件结构和材料,合理地对这些因素进行选择,保证在零件成型过程中,这些因素不会影响零件的成型精度。同时,在加工过程中,还需注意保证零件主要配合面的加工精度,防止工件出现塌陷、翘曲变形等意外情况。并且,零件成型方向的选择也对零件成型精度起着至关重要的作用,一般情况下,针对那些加工精度要求较高的零件,我们会选择在 Z 方向成型,而对那些精度要求不那么高的零件,则会选择在 X、Y 方向成型。

对于后处理误差。在对零件的后续处理过程中,要将零件的支撑结构进行剥离,但在剥离过程中,其中还含有的一定大小的残余热应力,会导致零件变形。所以,我们可以使用加压冷却的方法,来减少支撑结构中的残余热应力,防止成型零件的变形。同时,在剥离支撑结构前,一定要确保成型零件已经完全冷却凝固。

1. 对 FDM 设备的成型误差进行简要分析。
2. 对 FDM 设备的打印精度的提高,提出改善措施。

参考文献

[1] 袁慧羚,周天瑞. 光固化快速成型工艺的精度研究[J]. 南方金属,2009(2):24 - 27.

[2] 王涛,候巧红,苏玉珍,等. 熔融沉积成型制品精度的影响因素分析[J]. 科技信息,2012(34):179.

[3] 徐巍,凌芳. 熔融沉积快速成型工艺的精度分析及对策[J]. 实验室研究与探索,

2009(6):27 - 29.

　　[4] 刘新宇,张乔石,赵凌锋,等. 3D 打印精度影响及翘曲成因的分析与优化[J]. 科技创业月刊,2016(11):114 - 115.

　　[5] 李金华,张建李,姚芳萍,等. 3D 打印精度影响因素及翘曲分析[J]. 制造业自动化,2014(21):94 - 96.

4.2　FDM 设备的打印实例

4.2.1　打印预准备

1. 送丝

首次使用或者更换新耗材丝卷时,需要先给喷头送丝,否则会造成送丝的中断,影响打印过程。步骤如下:

(1) 把耗材丝剪个斜口后拉直,对准送丝孔后将丝向下送,直到送不进为止;

(2) 设置喷头温度为 230℃后点击"加热挤出头"按钮,加热挤出头,待其温度达到 230℃;

(3) 温度达到设定温度后,点"向下"按钮开始向下挤丝,同时用手轻捏着耗材丝会感觉到丝材正在向下移动,直至看见细丝从喷头处被挤出,说明送丝成功。

2. 高度校准

首次打印必须进行高度校准。长期运行后,会出现打印的模型底部与打印平台粘接不牢的现象,可进行高度校准操作,步骤如下:

(1) 打开控制软件,成功连接打印机后,在"配置"按钮下选择"高度测量",按界面提示的信息进行操作,整个高度测量步骤必须全部操作完毕,所测得的高度才会被保存;

(2) 打印平台到达 145 mm 的高度后,通过点击"向上"按钮使平台以每次 1 mm 的距离上升,在打印平台距离喷头不足 1 mm 的时候再点击"下一步";

(3) 打印机的 X、Y、Z 轴都回到初始位置,点击"退出"后,控制软件自动保存高度参数。

3. 校准打印平台

首次校准打印平台之前必须先进行高度测量,高度测量后再校准打印平台,具体步骤如下。

（1）在"配置"按钮下选择"级平台"，弹出窗口的左下角显示的"152.3"为打印机 Z 轴高度（不同打印机有所不同），直接点击"下一步"，根据对平台三个点的两次测试来确定水平情况。

（2）打印平台上升至 Z 轴最大高度，到达后点击"下一步"。

（3）水平向导进行到步数 3 时，喷头移动到打印底板的 A 点，点击"下一步"到步数 4，喷头移动到 B 点，点击"下一步"到步数 5，喷头移动到 C 点，点击"下一步"到步数 6，喷头再次移动到 A 点，点击"下一步"到步数 7，喷头移动到 B 点，点击"下一步"到步数 8，喷头移动到 C 点。

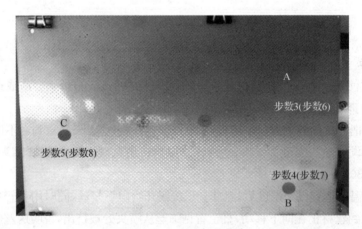

图 4-2　打印底板校准点

对 A、B、C 三点进行两次测量，如果打印平台到喷头的距离在三个点相差较大，可以通过调节打印平台下面的三颗螺丝予以校正，如图 4-3 所示。

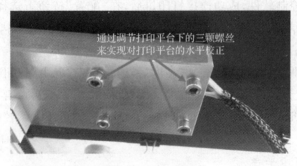

图 4-3　校正螺丝

（4）进入步数 9 后，打印平台会下降 5 mm，点击"退出"即完成平台校准。

4.2.2　FDM 设备打印实例

下面，以打印埙为例，介绍 FDM 设备的具体打印流程。

4.2.2.1　FDM 设备工艺流程

如图 4-4 所示，FDM 快速成型的工艺流程主要由数据准备、模型分层、层面处理、逐层堆积、实体建造和后续处理等环节构成。

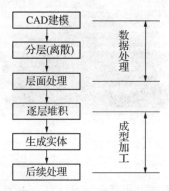

CAD建模
↓
分层(离散)
↓
层面处理
↓
逐层堆积
↓
生成实体
↓
后续处理

数据处理

成型加工

图 4-4　FDM 工艺打印流程

4.2.2.2　数据准备

STL 格式是目前快速成型系统中比较通用的数据格式，而大多数的三维建模软件都支持该格式的保存（如 CAD/CAM，UG，SolidWorks 等）。所以，我们可以在任意的三维建模软件中，创建我们的零件模型，最后用可以供快速成型系统使用的 STL 数据格式保存即可。

首先，我们在 CAD 软件中创建埙的三维数据模型，然后将其以 STL 的数据格式保存下来。如图 4-5 所示，为埙的数据模型。

图 4-5　埙的数据模型

4.2.2.3　模型分层

将 STL 数据格式的模型输入到控制系统中，利用快速成型系统自带的分层功能将零件的三维数据模型进行分层，得到每一薄片层的平面信息和有关的网络矢量数据。分层后的层片主要由原型的轮廓部分、内部填充部分和支撑部分组成。如图 4-6 所示为分层后的坝模型。

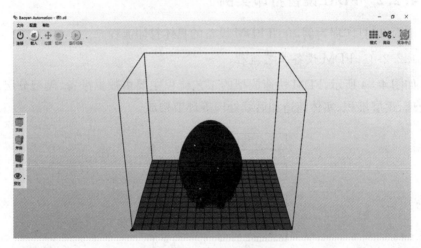

图 4-6　分层后的坝模型

4.2.2.4　模型建造

首先进行高度校准,升高工作平台到达 145 mm 高度后,改用较小的升降速度(1 mm/s)移动工作平台,直到工作平台距离喷头不足 1 mm 为止。接着,对所选的数据模型进行缩放、旋转、对中等处理。最后,点击"运行任务"按钮,打印机自动打印。如图 4-7 所示为打印中的坝模型。

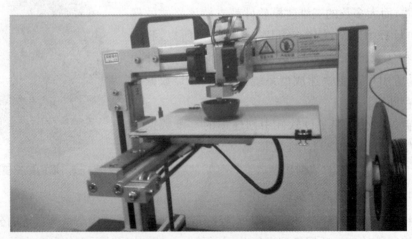

图 4-7　打印中的坝模型

4.2.2.5　后续处理

在打印完成后,等待喷头和热床冷却下来,再将模型附着的黄色打印底板从打印机上取出,轻易地剥离底板之后,再对模型进行稍微的打磨、抛光即可。如图4-8、图4-9所示分别为打印完成后的埙模型和后处理完的埙模型。

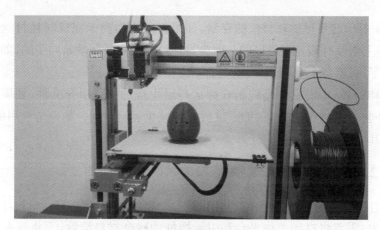

图 4-8　打印完成后的埙模型

图 4-9　后处理完的埙模型

4.2.3　FDM 设备打印注意事项

用 FDM 设备进行打印需要注意如下事项。

(1) 打印温度达到预设温度才能吐丝,ABS 的正常工作温度为 230 ℃,PLA

的正常工作温度为 185 ℃,若挤出的耗材丝不是连续的,像水滴一样,可能是喷头的温度设置太高,导致水滴状物质流出。

（2）由于存放耗材丝的环境湿度过大、温度过高、时间过长等原因,材料出现变质亦会堵塞喷头。如果耗材丝长期不使用,建议将其密封保存在避光干燥处。

（3）打印前要预估耗材丝的存量,如果打印模型尚未完成时耗材丝已经用完,再接上继续打印是不可以的。因为进耗材丝与定位运动是同步的,如果耗材丝用完了,机器会走空,出来的模型会不完整。

（4）". GCODE"文件是控制软件运行后生成的路径引导文件,如果下次还要打印同一个模型,有". GCODE"文件可以减少运行时间。如果是常用的模型,可以将其保存于电脑上。

4.2.4　FDM 设备维护保养

在打印完成后,我们需要对打印机进行一定的保养,防止打印机损坏。

首先,需要将打印工作平台和引导螺杆的残余材料清除,不将残余材料清除干净的话,很有可能造成打印平台重心偏移,使得打印平台无法保持水平,或者导致打印平台在上升或下降的某一过程中,突然卡住;然后,检查喷头内是否还含有没有使用的成型材料,如果存在,则将这些残余材料清除,否则会造成喷头堵塞,影响后续打印的进行;最后,将打印机的工作平台回归初始位置。同时,注意在打印机长时间工作后,需要清洗打印机喷嘴的零部件。

在打印机工作过程中,可能会出现一些意外情况,这时候就需要我们具备一定的知识来处理这些情况。如果在打印过程中,发现工作平台下方的皮带下垂严重,不能很好地带动皮带轮的上升和下降运动,这时需要将皮带的松紧度进行一定的调整。如果在打印过程中,发现打印机出现震动,并听到打印机发出异常的声响,这很有可能是打印机的滑杆出现了问题,此时需要在滑杆上擦一些润滑油,使得套管与滑杆之间的接触能够更加平稳。

操作题

1. 按照教程中的坝的打印流程,尝试以缩放和阵列的方式在打印平台上打印四个 60% 大小的坝。

打印提示：

（1）点击"高度测量"和"打印平台水平校准"，做好打印预准备，如图 4-10 所示；

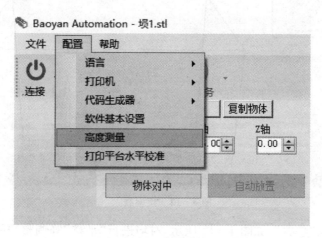

图 4-10　打印预准备

（2）如果需要换丝，点击"高级"→"手动控制"，如图 4-11 所示，进行手动"回退"现有的丝线，然后插入新的丝线，并"挤出"当前丝线；

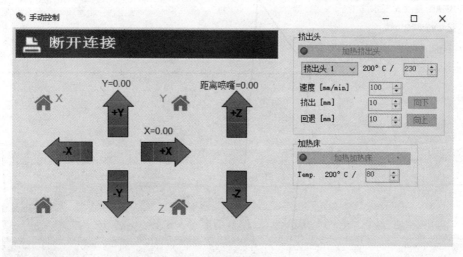

图 4-11　换丝

（3）点击"载入"，如图 4-12 所示，载入如下模型文件：堪.stl；

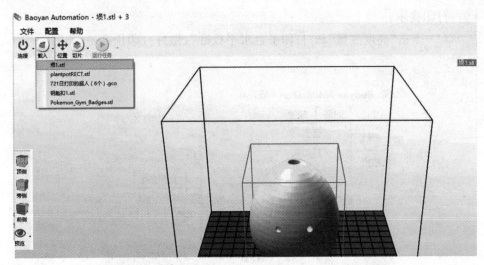

图 4 - 12　模型载入

（4）点击"位置"，如图 4 - 13 所示，对坝进行"平移"等调整坝的位置，同时调整大小，并复制物体；

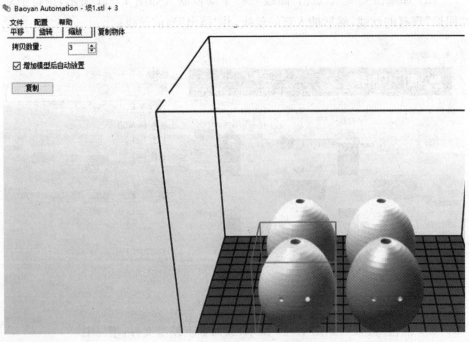

图 4 - 13　平移、缩放、复制

（5）点击"切片"，如图 4 - 14 所示，根据零件的形状，选择"带底座"或"带支撑"，示例中的坝底面平整，站立平稳，因此可以选择不带底座和支撑；

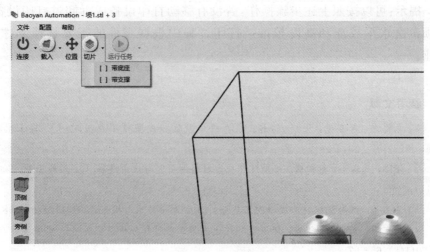

图 4 - 14　切片

（6）切片完成后，打印物体在平台上将显示成蓝色，点击"运行任务"，开始打印，同时屏幕下方显示所需的打印时间，如图 4 - 15 所示。

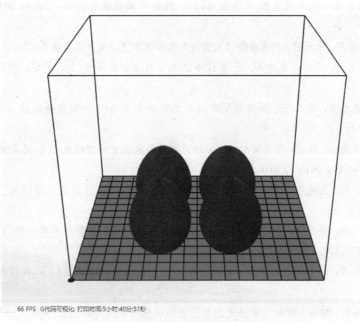

图 4 - 15　切片后待打印的窗口

2. 掌握 FDM 设备的打印预准备流程及打印流程,并打印正向建模章节中的深沟球轴承。

提示:可以按照上述步骤操作,若没有移动打印设备或拆卸过打印设备,无须再次水平校准和高度校准。打印过程中根据零件的需要选择支撑和底座。

参考文献

[1] 龙得洋,李名尧,王广卉,等. 桌面级熔融沉积成型技术及应用[J]. 轻工机械,2015,33(3):17-19,25.

[2] 汪洋,叶春生,黄树槐. 熔融沉积成型材料的研究与应用进展[J]. 塑料工业,2005,33(11):4-6.

[3] 董海涛. 熔融沉积快速成型的工艺分析[J]. 制造技术与机床,2013(10):96-98.

[4] 余东满,李晓静,王笛. 熔融沉积快速成型工艺过程分析及应用[J]. 机械设计与制造,2011(8):65-67.

[5] 邹国林,郭东明,贾振元. FDM 工艺出丝过程影响因素分析[J]. 制造技术与机床,2002(10):32-34.

[6] 李毅生. 快速成型技术简介[J]. 科技资讯,2008(9):244,246.

[7] 孙晓林. 快速成型技术的应用[J]. 机电产品开发与创新,2013,26(3):115-116,109.

[8] 颜永年,张人佶. 快速成形技术国内外发展趋势[J]. 电加工与模具,2001(1):5-9.

[9] 王成焘,李祥,袁建兵. 三维打印技术与制造业的革命[J]. 科学,2013,65(3):21-25.

[10] 孟令东,张金伍. 快速原型制造技术探讨和应用[J]. 舰船科学技术,2006,28(s1):11-14.

[11] 束晓永,韩江,丁芳婷. 三维熔融沉积成型原理与技术研究[J]. 湖南城市学院学报(自然科学版),2016,25(5):71-72.

[12] 吕明,钱施光,柴宇. FDM 快速成型技术在产品设计中的应用研究[J]. 设计,2016(17):32-33.

[13] 王涛,候巧红,苏玉珍,等. 熔融沉积成型制品精度的影响因素分析[J]. 科技信息,2012(34):179.

[14] 吴涛,倪荣华,王广春. 熔融沉积快速成型技术研究进展[J]. 科技视界,2013(34):94.

[15] 徐巍,凌芳. 熔融沉积快速成型工艺的精度分析及对策[J]. 实验室研究与探索,

2009，28(6)：27 - 29.

[16] 李宝强，方沂. 熔融沉积快速成型工艺精度分析与研究[J]. 福建轻纺，2013(11)：41 - 44.

[17] 赵萍，蒋华，周芝庭. 熔融沉积快速成型工艺的原理及过程[J]. 机械制造与自动化，2003(5)：17 - 18.

4.3　FDM 打印的后处理技巧

　　学习 FDM 打印的后处理技巧，可以知道进行后处理所需要的工具组合并且能够自行准备；能够在进行支撑处理的时候判断哪些是支撑，并且能够使用合适的工具去除支撑；在拼接处理的时候能够独立地完成多部件的 3D 打印模型的拼接。

　　后处理分为如下三个部分：工具准备、支撑处理和拼接处理。下面分别对这三个部分加以说明。

4.3.1　工具准备

图 4 - 16　工具

　　工具准备环节我们需要准备的工具有热风枪、美工刀、剪刀、镊子、尖嘴钳、小铲刀和 502 胶水，如图 4 - 16 所示。在后处理的不同过程中会利用不同的工具，表 4 - 1 列出了各过程及用到的工具。

表 4-1

过　程	工　具
1. 取件	小铲刀
2. 去除支撑	尖嘴钳、镊子、美工刀
3. 拼接	美工刀、502 胶水
4. 表面处理	热风枪

4.3.2　支撑处理

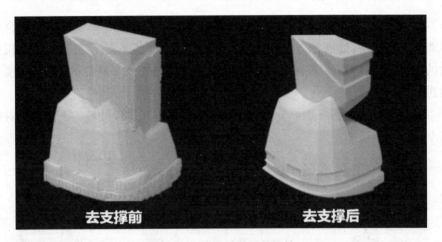

图 4-17　去支撑前后的比较

如图 4-17 所示为去支撑前与去支撑后的模型,我们可以看到去支撑前与去支撑后打印件的差别。支撑处理分为两个环节:判断支撑和去除支撑。

1. 判断哪些是支撑

方法一:直接查看模型设计,找到支撑对应的形状,如图 4-18 所示。

方法二:松散、镂空的结构往往是打印件中的支撑结构,如图 4-19 所示。

图 4‑18　找支撑

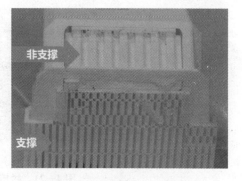

图 4‑19　支撑与非支撑对比

2. 支撑去除两步法

步骤一：用尖嘴钳去除支撑，如图 4‑20(a)所示。

步骤二：用美工刀做修整，如图 4‑20(b)所示。

（注意：外部支撑必须去除，内部支撑如果不影响功能，可以不去除）

（a）

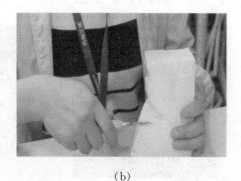

（b）

图 4‑20　去除支撑

4.3.3　拼接处理

拼接处理分为五个环节，依次是：取件、预拼、修边、胶装和去丝。如图 4‑21 所示为拼接前与拼接后的模型。

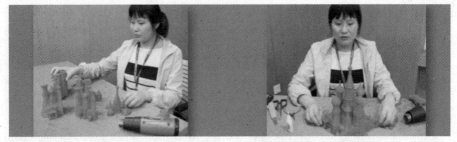

(a) 拼接前　　　　　　　　　　　(b) 拼接后

图 4‑21　拼接前后模型对比

1. 拼接动作分解——取件

（1）从桌面 3D 打印机中取出作品，找到底部易撬部位，用小铲刀将作品从平台板分离。

（2）用手将作品与底层分离，得到完整的作品，如图 4‑22 所示。（注意：用手掰的时候需要注意安全）

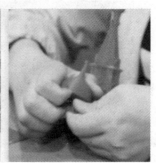

图 4‑22　分离作品与底层

2. 拼接动作分解——预拼

（1）当模型组件较少时，可以直接预拼原型，拼装者要做到心中有数，如图 4‑23 所示。

（2）当模型组件较多时，须给部件标上标号，如图 4‑24 中的 AA2，便于组装拼接。（编码规则：模型分割时自动生成编码，编码对应模型图的各区域部件）

图4-23　预拼原型

图4-24　标号

3. 拼接动作分解——修边

模型边缘必须光滑,边缘不平处需要用美工刀修整,如图4-25所示。

图4-25　美工刀修整

4. 拼接动作分解——胶装

(1)沿平面中线涂上502胶水,如图4-26(a)所示。(注意:胶水涂的量需要灵活地把控,不能涂得太多,也不能涂得太少)

(2)将另一部分水平覆盖后,立即竖直模型,直至完全吻合,如图4-26(b)所示。

(3)将上部小部件粘上,需注意保持纹理统一,如图4-26(c)所示。

(a)

(b)

(c)

图 4 - 26 胶装过程

拼接过程有两个原则：

原则一：由小到大原则——小部件先拼接成大部件，大部件再拼接成更大的部件。

原则二：从下到上原则——先从底部部件拼接，然后再拼接上面部分的部件。

5. 拼接动作分解——去丝（如图 4 - 27 所示）

（1）用热风枪来处理表面粗糙部分：用热风枪吹向表面有残留打印丝线的部位，直接去除大丝线，柔化小丝线。

（2）避免直吹模型较细部位，否则将破坏原型。

图 4 - 27　去丝

操作题

将 4.2 节所打印出来的四个 60% 大小的塄按照 4.3 节给出的后处理步骤，进行后处理，去除支撑，并将四个个体进行分离。

参考文献

[1] 彭勇刚，韦巍. 基于多段温度控制的熔丝沉积成型 3D 打印喷头及温控方法：CN103240883A[P]. 2013 - 08 - 14.

[2] 闫东升，曹志清，孔改荣. FDM 工艺送丝驱动机构的摩擦驱动力分析[J]. 北京化工大学学报，2003，30(3)：71 - 73.

[3] 汪甜田. FDM 送丝机构的研究与设计[D]. 武汉：华中科技大学，2007.

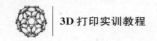

4.4 打印喷头的拆卸及安装

打印喷头是打印机的关键组成部分和易损、易坏、易发生故障的部件。它由喷嘴、加热热熔单元、散热单元、耗材传导单元等共同组成。对于 FDM 设备,在日常打印中,在最后的挤出、送料过程中,会出现送不进去料的情况,同时送料器滚轮可能夹住丝料,使加热管到喷头这一段位置阻力明显过大,并带有锂锂声的打滑现象,并且丝料明显有送料滚轮夹过的痕迹。这时,就是出现了故障,喷头堵塞了。

若喷头发生堵塞现象,首先要做的就是停止现有的打印任务,采用手动进丝的方式,微小进丝,看是否能将堵塞在喷嘴里的丝料吐出来,在堵塞初期就发现故障,及时清理,是可以通过手动进丝和手动退丝来回切换的方式排除故障的。

但是,在大部分情况下,FDM 设备的打印时间较长,打印中途出现的故障常常得不到及时解决,这时,就不得不拆除喷头,将堵塞的丝料清除再进行安装调试。

下面,我们以 HOFI-X1 型 FDM 设备的喷头的拆卸与安装作为案例来阐述喷头的构造及拆装(如图 4-28)。

4.4.1 打印喷头的拆卸

工具准备:六角扳手。

拆卸步骤如下:

图 4-28 HOFI-X1 正视图

（1）将整个打印喷头从打印设备上卸除。

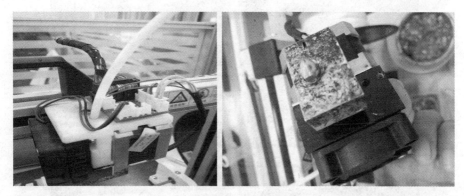

图 4 - 29　喷头拆卸

先将打印喷头与打印设备连接处的两个六角螺丝卸除,然后将整个打印喷头从打印设备上取下,如图 4 - 29 所示;

（2）拆卸喷头上的风扇。

图 4 - 30　风扇拆卸

将风扇与喷嘴处的两个六角螺丝卸除,取下风扇,如图 4 - 30 所示;

（3）拆除散热片。

将散热片和电极连接的六角螺丝卸除,拆掉散热片并分离散热片与喷嘴,如图 4 - 31 所示;

图 4 - 31 拆除散热片

（4）拆除电路板。

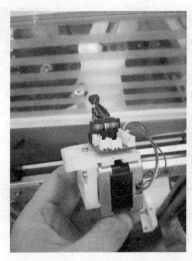

图 4 - 32 拆除电路板

将电路板与保持架上的六角螺丝卸除,使其分离,如图 4 - 32 所示;

（5）将电机与保持架分离。

将保持架与电机连接的两个六角螺丝卸除,使其分离,如图 4 - 33 所示;

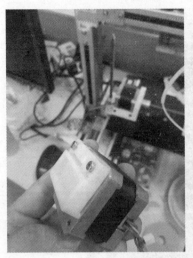

图 4 - 33　分离电极和保持架

至此,喷头已完全拆卸,我们得到以下零件(如图 4 - 34 所示)。

图 4 - 34　喷头组成部分图

如果喷头堵住了,那么就需要将堵在喷嘴中的已经凝固的树脂清理出来。

4.4.2　打印喷头的安装

安装工具:六角扳手

俗语说:"拆起来容易装起来难。"但若掌握了安装技巧,并注意安装顺序的话,那么安装成功也就顺理成章了。

安装步骤如下。

（1）将保持架固定在电机上。

图 4‑35　安装保持架

　　将保持架安装在电机上。因为电机安装在打印设备上时，四根线是朝外的，所以在安装保持架时要注意不要装反（如图 4‑35 所示）。

（2）安装电路板。

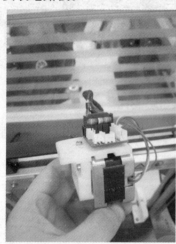

图 4‑36　安装电路板

将电路板安装在保持架上,拧紧六角螺丝,使其固定,如图4-36所示。

(3)安装散热片。

图4-37　安装散热片

先将整个喷嘴固定在散热片上,再将散热片安置在电机上,用六角螺丝固定,如图4-37所示。

(4)安装风扇。

图4-38　安装风扇

将风扇安装在喷嘴上,用六角螺丝固定,如图4-38所示。

(5) 将完整的喷头安装在打印设备上。

将完整的喷头安装在打印设备上,拧紧连接处的两个六角螺丝,如图 4 - 39 所示。

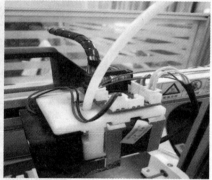

图 4 - 39　安装整个喷头

安装成功后,测试一下安装效果,检验是否能够顺利出丝了,原来的故障是否已经成功消除。

思考题

1. 当喷头堵塞时,如何拆卸喷头以疏通它?

2. FDM 设备的单喷头结构简单,导致支撑难以拆除,根据文中单喷头打印设备的工作特点,思考支撑难以拆除的原因及解决方案。

参考文献

[1] 李成.基于 FDM 工艺的双喷头设备开发及工艺参数研究[D].南京:南京师范大学,2014.

4.5 FDM 设备的装配实例

4.5.1 FDM 设备的机械结构

FDM 工艺 3D 打印机的机械结构一般可分为框架支撑结构、三维运动结构和喷头结构这三大部分,如图 4 - 40 所示。

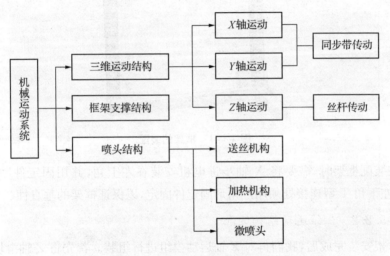

图 4 - 40 FDM 打印机机械结构

其中框架支撑结构由铝合金型材搭建而成,用于对整个打印机主要结构的支撑;三维运动结构用于 3D 打印机打印过程中的三维运动;喷头结构用于打印实物。

FDM 工艺 3D 打印机遵循以下设计原则:

(1) 性能稳定、可靠,采取模块化设计,有利于对打印机后续调试更改的换代升级;

(2) 机械控制成型系统设计轻巧,便于移动,体积重量较小,一般采用轻量化设计。

4.5.2 机械结构装配实例

4.5.2.1 框架支撑结构装配

首先将 30 mm×30 mm 的铝合金型材装配成立体结构,如图 4-41 所示。

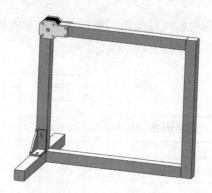

图 4-41 框架的装配

在装配框架时,需要将 X 轴步进电机安装在左上角,并用固定件固定住。除此,左下角 T 型连接处须用三角形固定件固定,以保证框架的垂直性。

4.5.2.2 三维运动结构装配

框架安装完成后,我们再对 Z 轴运动模组进行组装。首先将 Z 轴滑块安装到 Z 轴导轨上,再将其安装到框架左臂上。然后将 Z 轴步进电机安装到框架左后侧内,套上电机轴套,电机轴套再与连接件用螺丝相连,然后再将连接件固定在滑块上,最后将 Z 轴的限位开关安装到导轨下角,如图 4-42 所示。

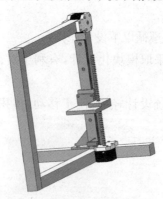

图 4-42 Z 轴运动模组装配

Z 轴运动模组安装完毕后,再进行 Y 轴运动模块的组装。首先将 Y 轴导轨安装在 Y 轴支撑架上,再将滑块安装在导轨上,随后将 Y 轴步进电机固定在 Y 轴支撑架右侧,并安装上同步传送带机构,接着在电机侧安装限位开关。然后将工作台支撑架与滑块通过螺丝连接在一起,并通过同步带固定件将同步带和工作台支撑架连接固定起来。然后将含有热电偶和加热棒的钢板装在工作台支撑架最右端,再将工作台安装在钢板上,构成整个 Y 轴运动模块,如图 4-43 所示。

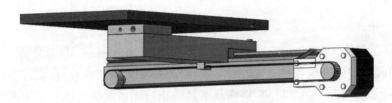

图 4-43 Y 轴运动模块

Y 轴运动模块装配完成后,再将其用螺丝固定在 Z 轴运动模块中的连接件上,如图 4-44 所示。

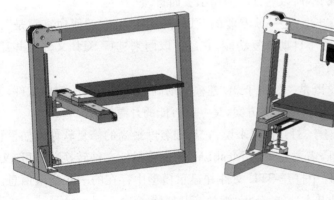

图 4-44 X 轴、Y 轴装配图　　　　图 4-45 3D 打印机机械装置图

完成以上步骤后,开始安装 X 轴配件。首先,将 X 轴滑块装到 X 轴导轨上,再将导轨安装在框架中的上支架的内侧。接着将 X 轴同步传送机构安装在预装好的 X 轴步进电机和上支架上。再用连接件将同步传送带与 X 轴滑块连接起来,并固定在滑块上。最后将喷头装在连接件上,如图 4-45 所示。

第五章 正向模型修复及三维扫描

3D 正向建模时,在正向建模软件上看起来非常完美的 3D 打印模型,打印出来的成品却会出现各种各样的打印错误,不尽如人意。因此,在设计和建模的时候,就需要用到一些 STL 文件修复工具防止打印错误的出现。常用的修复工具有以下几种,但不局限于以下几种。

(1) Autodesk Meshmixer:这款自诩为"瑞士军刀"的 3D 网格不只是一个简单的 STL 修复工具,Meshmixer 可以提供完全成熟的建模解决方案,可以进行打凹、缩放和网格简化,所以它并非为初学者而备。

(2) LimitState FIX:是一款专业的 STL 修复软件,它的使命宣言是"修复其他工具所不能",除了自动修复功能,它还可以用来进行 STL 文件合并,除去噪音壳,简化修复网格。

(3) Blender:这既是一款用于 3D 建模和动画的开源工具的建模软件,也为 3D 打印提供了修复网格的解决方案,是一款万能的开源软件。

(4) Netfabb:对于 STL 修复来说,它是知名度最高的修复软件。如果目标文件不是 STL 文件,需要先采用 MeshLab 软件将目标文件转换成 STL 文件,接着在 Netfabb 软件中打开 STL 文件并显示模型中存在的一些错误信息。其中包含针对 STL 的基本功能:分析,缩放,测量,修复。

(5) Materialise Magics:它是最理想、最完美的 STL 文件解决方案,为平面数据处理的简单易用性和高效性确立了标准,可以提供先进的、高度自动化的 STL 操作,在工业产业以及医疗应用方面做出巨大贡献,它是用户心中 3D 打印的必备软件。

5.1 Magics RP 软件的常规操作

5.1.1 Magics RP 软件简介

Magics RP(Rapid Prototyping)软件是比利时 Materialise 公司的一款模型修复软件，Magics 软件一直都是最理想的、最完美的 STL 文件解决方案，它为平面数据处理的简单易用性和高效性确立了标准，可以提供先进的、高度自动化的 STL 操作，可以大大缩小 3D 打印系统和关键应用之间的鸿沟，使用户的打印速度大大加快，尤其是在 3D 金属打印上。

Materialise Magics 软件在 AM(Additive Manufacturing)中的用途可以从图 5-1 中体现：

图 5-1 Materialise Magics 在增材制造中的作用

笼统来说，Magics RP 的工作流程如下：首先，导入 STL 文件，接着根据模型要求对 STL 文件执行修复、编辑、测量、分析以及支撑生成等一系列操作，然后在 Materialise Magics 系统中选择要打印的机器，执行打印操作。

5.1.2 Magics 软件的安装

Magics 软件的安装版本有服务器版本和单机版本，培训机房一般采用服务器版本，而个人电脑一般采用单机版本。

1. 个人版安装流程

(1) 打开安装软件，选择安装语言，Magics 软件共有七种语言可供用户选择,如图 5 - 2 所示,接着同意许可协议,设置安装路径,并选择最近的 Materialise 办公室,点击"安装",如图 5 - 3 所示。

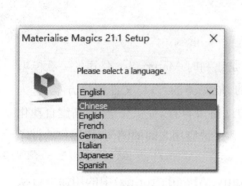

图 5 - 2　选择安装语言　　　　　　　图 5 - 3　同意许可协议

（2）按照图 5 - 4 的安装进程结束后,运行软件,会弹出图 5 - 5 所示的许可证。

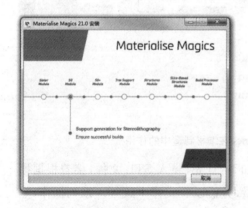

图 5 - 4　安装进程　　　　　　　　　图 5 - 5　选择许可证

（3）单击图 5 - 5 中的"许可",点击"下一步",会弹出图 5 - 6 所示的系统 ID 信息,Materialise 会根据你提供的系统 ID,生成 CCKey,注册完成,如图 5 - 7 所示,软件就可以正常使用了。

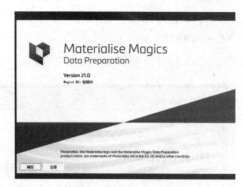

图 5-6　系统 ID 和 CCKey　　　　　　　图 5-7　注册完成

2. 服务器版本安装流程

（1）确保所有安装软件的电脑连接在同一个局域网下面。

（2）在服务器上安装 Floating License Server 软件（注：安装时将杀毒软件关闭），安装成功后，会自动生成 Computer ID，如图 5-8 所示。

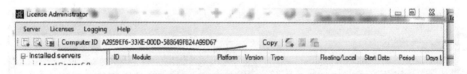

图 5-8　自动生成 Computer ID

（3）根据 Computer ID 生成密钥文件，然后激活服务器，操作流程如图 5-9 所示。

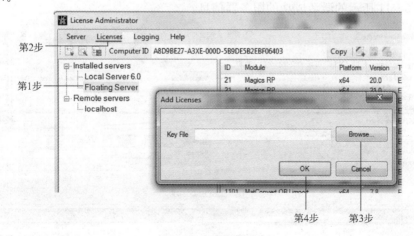

图 5-9　激活操作

（4）服务器成功激活后，在使用 Magics 的电脑上按照单机版的流程安装 Magics 软件。

（5）打开注册界面，选择 Floating License Server，如图 5 - 10 所示。

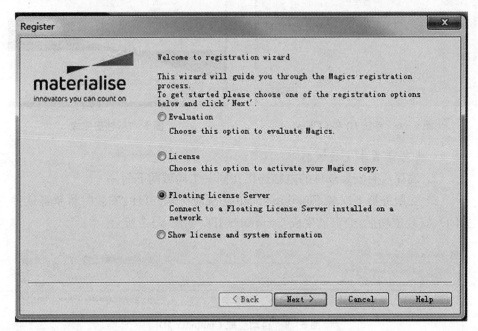

图 5 - 10　注册界面

（6）在服务器计算机上打开 License Administrator 软件，单击 Server，得到如图 5 - 11 所示的激活成功的服务器信息。

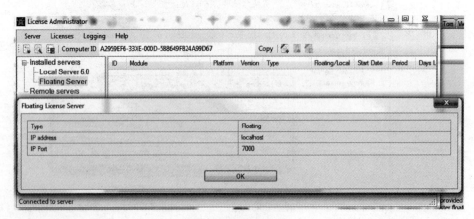

图 5 - 11　激活成功

（7）将上述服务器信息输入注册对话框，并按测试按钮，若服务器连接正常，则服务器版本可以正常使用了（如图 5 - 12 所示）。

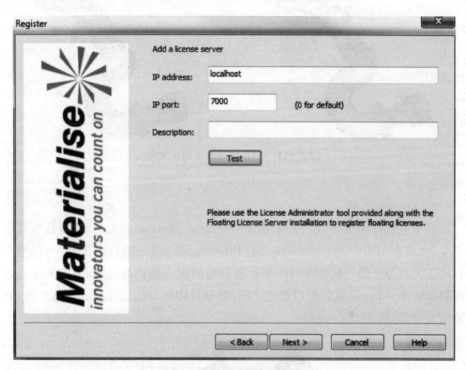

图 5 - 12　测试服务器版本

5.1.3　Magics 软件的常规工作流程

1. CAD 设计

增材制造的第一步是设计，我们可以将常规的企业现有的二维图纸转换成三维模型，也可以根据尺寸直接设计三维模型，常用的专业的工程设计软件有：Pro/E，SolidWorks，UG，CATIA，等。

2. STL 文件生成

CAD 设计的文件需要转换成 STL 文件才能在 3D 打印机上打印，在生成 STL 文件的过程中，Magics 软件可以用于编辑、修复，以使 STL 文件更加光滑、消除错误等等（如图 5 - 13 所示）。

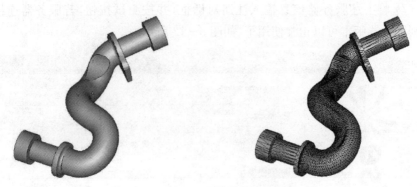

图 5‐13　CAD 设计及其切片文件

3. Magics 工程

对于有些打印工艺,如 SLS(Selective Laser Sintering)工艺(选择性激光烧结工艺)或者 3DP(Three-dimensional Printing)工艺(三维打印工艺,一种粉末打印工艺),为了能一次性在打印平台上打印出更多的产品,从而节约成本且提高打印效率,Magics 软件可以建立工程,根据打印平台优化产品放置的位置,并添加支撑(如图 5‐14 所示)。

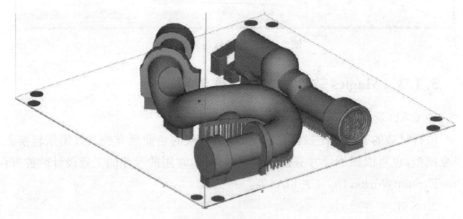

图 5‐14　Magics 平台

4. 切片

切片后每一层小的切片不能有重叠的部分,有重叠的部分要修掉(如图 5‐15 所示)。

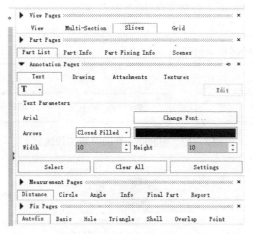

图 5 - 15　Magics 切片

5. 打印前的框架填充

要决定机器如何填充每一个二维的切片,如采用 SLS 工艺加工时,就要定义激光的类型、速度、能量等等,使得产品更加完美。这个过程是和机器相关联的,不同的机器采用不同的方案(如图 5 - 16 所示)。

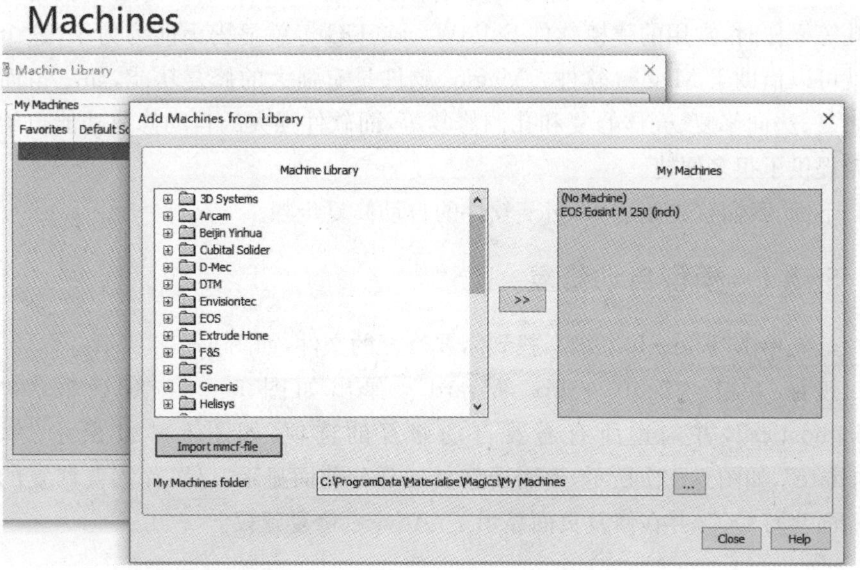

图 5 - 16　Magics RP 关联的机器

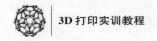

因此 Magics 的常规工作流程如图 5－17 所示：

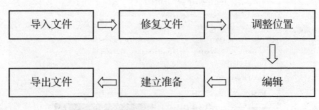

图 5－17　Magics RP 的常规工作流程

1. 选择合适版本的 Magics 软件，并进行安装。
2. 熟悉 Magics 软件的常规操作流程。

5.2　Magics 软件应用之修复

Magics 软件可以对导入的 STL 文件进行二次编辑，当导入文件需要拉伸、打孔等操作时，常用的建模软件 SolidWorks、UG 等就显得无能为力了，这个时候就可以借助于 Magics 软件。Magics 软件具有强大的修复功能，如三角面片的修复、法向修复、壳体修复和孔洞修复等，而软件强大的自动修复功能也给使用者提供了很多便捷。

下面，我们首先阐述 Magics 软件的自动修复步骤。

5.2.1　模型自动修复

首先单击"File→Import"，找到需要修复的文件，如图 5－18 所示。

接着，单击"Tools → Fix Wizard"，弹出如图 5－19 对话框，单击"Diagnostics"，并勾选所有需要自动修复的选项，如图 5－20 所示，单击"Update"，如图 5－21 所示，不需要修复的部分前面显示"√"，而需要修复的部分前面会打"×"，并在修复页面显示了"Advice"修复建议。

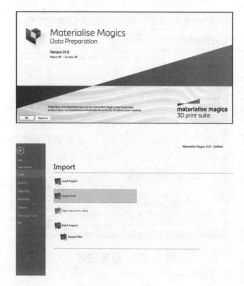

图 5‐18　载入模型

图 5‐19　自动修复向导

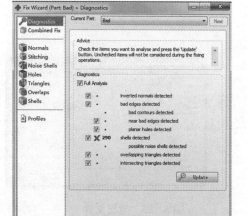

图 5‐20　自诊断

图 5‐21　自更新

　　单击"Automatic Fixing"，如图 5‐22 所示。修复完成后，单击"Go to Advised Step"，如图 5‐23 所示，看一下自动修复的结果。如图 5‐24 所示，我们看到原来重叠边的错误已经被修复完成。经过自动修复后，就可以导出文件，单击"Save Part As"保存文件，并进行后续的"切片"和"打印"。

图 5 - 22　自动修复

图 5 - 23　修复完成

图 5 - 24　修复结果

图 5 - 25　导出文件

5.2.2　在模型上添加标签

我们常常需要在模型上添加一些标志性的 Logo,或者在模型的关键部位添加标注性文字。Magics 软件功能强大,Tools 里面有创建模型、阵列粘贴、旋转、镜像、镂空、布尔运算、加标签等工具,下面我们就其中的加标签做示例。

首先加载一个模型,本例中我们创建一个方体,点击"Tools→Create Part→Box",设置方体的长×宽×高为 40 mm×40 mm×10 mm。接着,单击"Tools→

Label",可以选择方形的标签或者圆形的标签。此时,光标右下角会出现一个"L"字样,在需要加标签的地方进行框选,如图5-26所示。

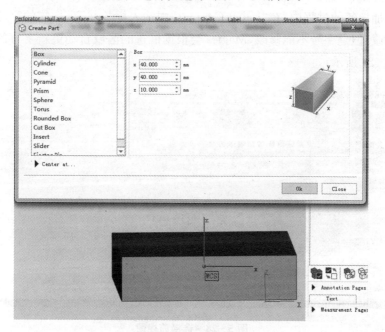

图5-26　创造方体

框选后弹出"Label"对话框,输入相应的标签文字和数值,如图5-27所示。

图5-27　加标签

示例中我们需要在方体的前方加标签,为了便于框选,我们改变视图模式,选择"View→Top→Front",在前视图上框选需要加标签的区域,如图 5-28 所示。在加标签的过程中,在"Label Content"中输入标签文字,标签的字体、颜色可以修改,但是字号不能修改,Magics 会根据框选的区域自动更新字号的大小,如图 5-29 所示。

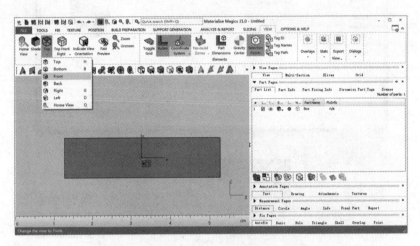

图 5-28 选择前视图

图 5-29 增加矩形标签

在图 5-29 中,我们可以看到添加标签的选项,其中,"Raised"表示凸起的标签,"Engraved"则表示嵌入式的标签,而前面的"Height"则表示凸起或者嵌入的深度。

在添加标签的对话框中,有个"Advanced"选项,其中"Flip"表示左右和上下同时翻转,"Mirror"表示镜像,常常用于雕刻印章,"Automatically update preview"则表示设置更改后相应的视图自动更新。我们在设置中勾选 Raised 选项,并设置"Height"高度为"2 mm",则效果如图 5-30 所示。

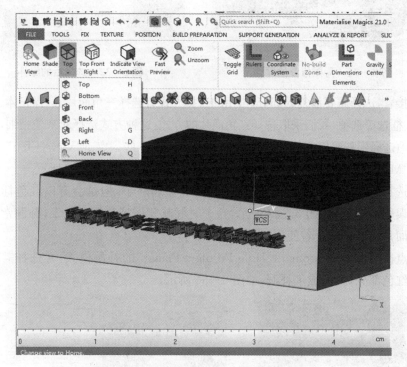

图 5-30　凸起的标签

5.2.3　三角面片的修复

在 5.2.1 中我们用了 Magics 软件的自动修复功能,当有些错误无法自动修复时,我们可以采取手动修复的方式。下面我们以三角面片的修复为例来讲述手动修复的过程。

首先,单击"File→Import",加载需要修复的零件,我们看到在零件上标有黄色的地方,是需要修复的部分。

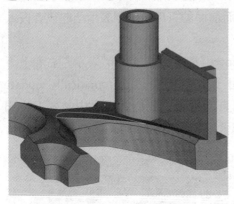

图 5-31　需要修复的零件

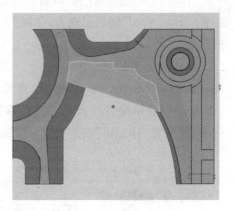

图 5-32　选择后的零件

接着,选择需要修复的部分,常用的选择方式有选择三角面片、选择壳体、选择平面、框选等选项,我们采取选择三角面片的方式,这种方式选择起来最精细,更能准确地选择到需要修复的平面,而误选的部分会少一些。点击"View→Top",接着点击"Mark Triangle",F8 是选择的快捷方式,选择结果如图 5-32 所示。

选择成功后,按"Delete"键,则选择部分被删除了,但是会有以红色标志标记的误删的部分,如图 5-33 所示,这个时候就要用到补洞模块了,补洞常常和三角面片的修复结合着使用。

点击"Hole→Automatic Hole Filling→Planar"的补洞模式,并选择需要补洞的红色部分,就完成了补洞,如图 5-34 所示。

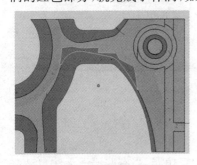

图 5-33　误删的部分

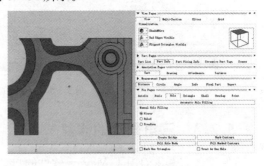

图 5-34　修复完成后的模型

思考题

1. 给定零件,完成模型的自动修复。
2. 给定零件,在模型上添加"姓名＋学号"的标签。
3. 给定零件,完成三角面片的修复。

5.3　逆向设计方法阐述及三维扫描

5.3.1　逆向设计介绍

　　产品逆向设计,是通过结果去找寻开始的过程。第一,之所以需要逆向设计是因为我们只有二维图纸,没有三维模型。第二,例如一个停产的发动机磨损零件,不能够再使用,而我们也没有当初的设计图纸,这个时候需要通过逆向设备三维扫描机对损坏的零件进行扫描,得到格式文件,然后重建三维模型,通过 3D 打印机进行零件打印。第三,我们在没有三维扫描设备的情况下,则需要通过建立 X,Y,Z 坐标进行数据测量,对测量结果通过软件进行处理,最终得到 STL 文件。以上三点就是通过反向思维建立的逆向设计方法,它可以改善已知物品的缺点,也可以通过物品直接进行生产或是打印崭新的产品,使产品的设计空间得到很大的提高。例如产品的外观、产品的性能、产品的再生产等,包含了这些但却不限于此。所以,逆向设计的思路是具有相当大的研究价值的,也是很有发展前景的一种设计方法。

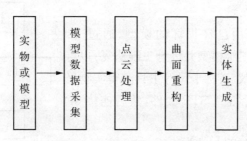

图 5‑35　逆向设计建模流程

逆向设计是指从产品实物样件或模型反求几何模型的过程。它首先进行逆向建模。以实体作为样件,使用三维扫描仪获取样件表面信息,然后经过逆向建模将其重构成实体模型,再经充分消化和吸收,创新改型后重构三维模型,最后加工出产品。

5.3.2　逆向设计的背景

直接在软件里设计 3D 虚拟实体,设计的参与者只有一个,那就是软件工程设计师。这样设计出来的产品只能符合大众的口味,不能满足一些特殊群体的个性需求,对于他们来说,光具有功能还不能赢得他们的青睐,所以这时候需要个性化产品来吸引他们的消费,那么怎样去设计一件产品既符合大众的口味又可以在其中挑出优点后添加个性化的一笔呢? 针对一些比较复杂的产品又该如何处理呢?

更光滑、更具有个性化的产品外观要求将使产品的外观由更复杂的自由曲面组成。然而传统的产品开发模式(即正向工程)无法对这些自由曲面进行开发设计,这些复杂的产品很难用传统的设计方法来开发。还有一些资料缺失、工作模型尺寸严密需要实验测得、残缺艺术品的修复以及重造损坏的零件等情况,给传统的设计方法带来很大的挑战,这时就催生了逆向设计的方法。

逆向设计的方法有影像逆向和实物逆向。

影像逆向是在没有产品实物的情况下,我们根据已知的二维图像或图纸利用软件进行设计想象,生成三维模型。过程开始的时候,我们可以通过图纸充分了解及吸收有关信息,然后通过逆向设计软件进行构思建模,到最后,只要我们导出的模型是 STL 文件或其他 3D 模型文件格式的文件就可以与 3D printer 连接并打印。

实物逆向可以由已经损坏的模型,通过 3D scanner 扫描,得到三维模型并进行三维修复;也可以通过三坐标测量仪、游标卡尺等工具测得实物尺寸,经软件进行设计得到 STL 文件,然后连接 3D printer 打印实物。

扫描处理过程如图 5-36 所示。

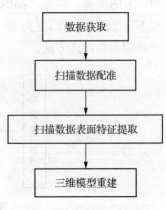

数据获取

↓

扫描数据配准

↓

扫描数据表面特征提取

↓

三维模型重建

图 5-36　扫描处理过程

5.3.3　通过三维扫描获得"花盆"工艺品的三维模型

我们选用先临三维的"EinScan-S"系列的三维扫描仪来扫描工艺品。

（1）双击打开 EinScan-S 软件到达 3D 扫描主页，选择设备类型为"EinScan-S"，如图 5 - 37 所示，单击"下一步"按钮。

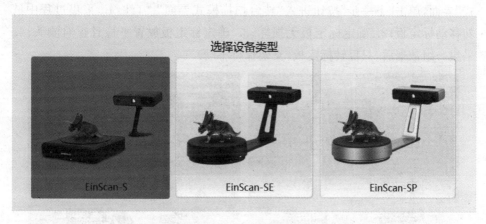

图 5 - 37　选择设备

（2）选择扫描模式为"转台扫描"后单击"标定"按钮开始进行标定，如图 5 - 38所示。

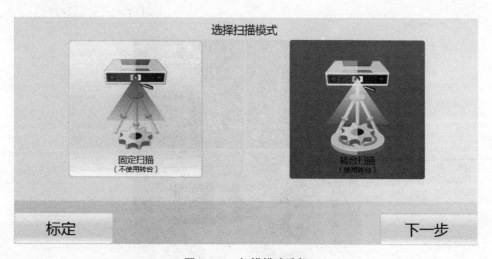

图 5 - 38　扫描模式选择

(3) 在进行 EinScan-S 标定时,按照图 5 - 39(a)所示的位置摆放标定板并将其放置在转台的中心位置且正对测头,单击"采集"按钮开始采集。保持支架相对转台的位置不变,将标定板的位置更换成如图 5 - 39(b)所示,单击"采集"按钮开始采集;保持支架相对转台的位置不变,将标定板的位置更换成如图 5 - 39(c)所示,单击"采集"按钮开始采集。当采集完成之后回到"选择扫描模式"界面,单击"下一步"按钮进入"转台扫描模式界面"。(注:1. 采集过程中请勿移动标定板;2. 确定标定板无损坏;3. 确定标定板放置平稳且正对测头;4. 采集一组数据后,只反转标定板,支架保持不动)

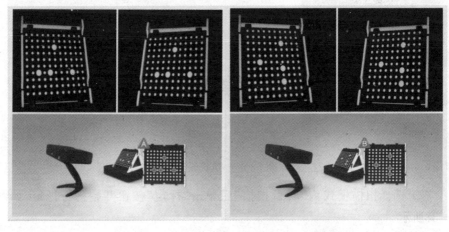

(a)   (b)

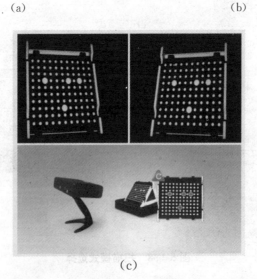

(c)

图 5 - 39 标定板

（4）在"转台扫描模式"中，单击"新建工程"选项，设置文件保存的位置，将文件名称修改为"huapcn"，单击"保存"按钮，如图 5-40 所示。

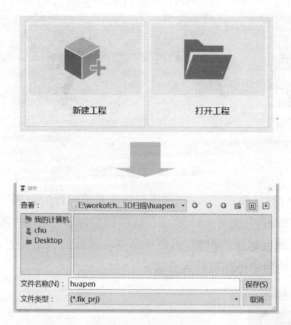

图 5-40　新建工程

（5）在"转台扫描模式"中，在"选择纹理"选项中选择"纹理扫描"选项，单击"应用"按钮，如图 5-41 所示。

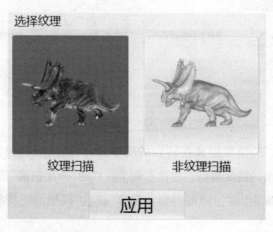

图 5-41　选择"纹理扫描"

（6）在提示"是否需要继续做白平衡测试?"的选项中选择"是"按钮,进行白平衡测试,如图 5-42 所示。

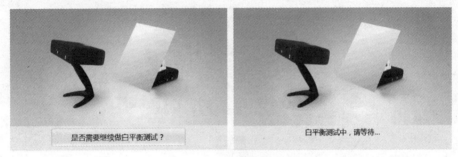

图 5-42 白平衡测试

（7）在"转台扫描模式"中,在"选择与物体明暗相近的设置"中,选择"中"选项,单击"应用"按钮,如图 5-43 所示。（注:颜色越浅的模型,需要选择亮度越高的明暗设置,颜色越深的模型,需要选择亮度越低的明暗设置;此处使用的花盆模型为灰色,使用中等亮度较为合适）

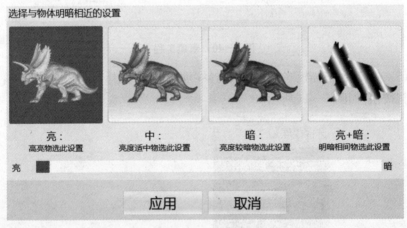

图 5-43 亮度选择

（8）将"花盆"的模型摆放在转台的正中央,扫描次数的设置范围为 8—180次,次数越多,扫描的精度越高。单击右侧工具栏的"开始扫描"按钮 ▶ ,待模型扫描完成后,单击"确定"按钮即可得到并保存"花盆"模型的三维模型,如图 5-44所示。

图 5 - 44　三维模型

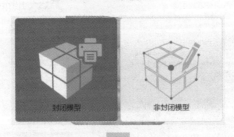

图 5 - 45　平滑处理

（9）单击右侧工具栏的"生成网格"选项按钮 ，选择"封闭模型"选项，选择"中细节选此设置"（注：细节程度越高，部分修复就会越精细）。在简化界面中，设置缩放比例大小为 100％，并勾选"平滑"选项重新生成模型，如图5‐45所示。

（10）单击右侧工具栏的"保存"按钮 ，在文件类型中勾选". stl"选项，单击"保存"按钮，设置缩放比例为 100％，单击"缩放"按钮开始进行缩放，如图5‐46所示。

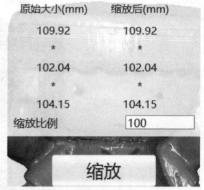

图 5‐46　缩放设置

（11）打开模型所在的文件夹，这时候可以看到一个 STL 格式的文件，如图5‐47 所示。

文件名	日期	类型	大小
huapen.fix_prj	2017/9/7 19:55	FIX_PRJ 文件	4 KB
huapen_scan_0	2017/9/7 19:52	BMP 文件	3,841 KB
huapen_scan_0.rge	2017/9/7 19:57	RGE 文件	9,314 KB
huapen_scan_1	2017/9/7 19:52	BMP 文件	3,841 KB
huapen_scan_1.rge	2017/9/7 19:57	RGE 文件	8,274 KB
huapen_scan_2	2017/9/7 19:53	BMP 文件	3,841 KB
huapen_scan_2.rge	2017/9/7 19:57	RGE 文件	8,316 KB
huapen_scan_3	2017/9/7 19:53	BMP 文件	3,841 KB
huapen_scan_3.rge	2017/9/7 19:57	RGE 文件	9,291 KB
huapen_scan_4	2017/9/7 19:54	BMP 文件	3,841 KB
huapen_scan_4.rge	2017/9/7 19:57	RGE 文件	9,515 KB
huapen_scan_5	2017/9/7 19:54	BMP 文件	3,841 KB
huapen_scan_5.rge	2017/9/7 19:57	RGE 文件	8,916 KB
huapen_scan_6	2017/9/7 19:54	BMP 文件	3,841 KB
huapen_scan_6.rge	2017/9/7 19:57	RGE 文件	7,831 KB
huapen_scan_7	2017/9/7 19:57	BMP 文件	3,841 KB
huapen_scan_7.rge	2017/9/7 19:57	RGE 文件	8,531 KB
扫描	2017/9/7 20:09	STL Document	296,911 KB

图 5‐47　文件显示

5.3.4　扫描后处理

下面运用 Meshmixer 软件对扫描后的文件进行后处理。

（1）导入通过三维扫描得到的 STL 文件

双击打开 Meshmixer 软件，单击屏幕中央"Import"键；选中目标文件，单击"打开"，将 STL 文件导入，得到目标对象（注意此时屏幕左上角"Import"键不可用），如图 5‐48 所示。

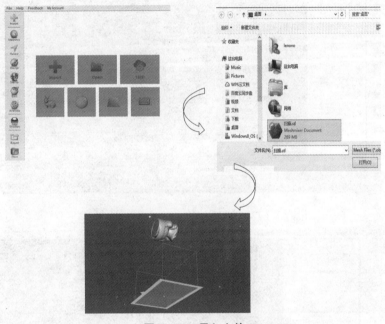

图 5‐48　导入文件

（2）调整对象位置，观察其需要修复之处以确定修复步骤

利用鼠标滚轮移动对象位置，右键旋转方向，将对象旋转至容易观察的位置，得到如图 5‐49 所示的对象。

图 5‐49　旋转对象

（3）挖空对象

单击左侧工具栏中"Edit"按钮，出现新的工具栏，如图 5 - 50(a)所示；单击其中"Hollow"键，出现的工具面板中有挖空对象的参数，此时原始模型会透视显示，如图 5 - 50(b)所示；调整挖空对象的各参数至合适值，单击"Accept"即可完成。（注意：本例中"Holes Per Hollow"参数应调整为 0，否则被挖空对象将出现不必要的孔洞）

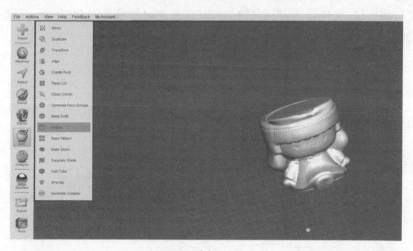

（a）

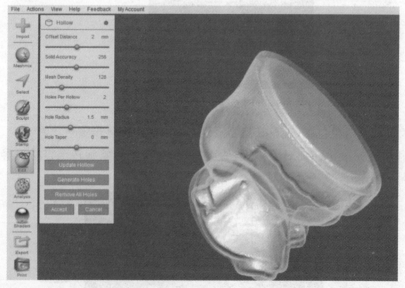

（b）

图 5 - 50 挖空对象

（4）平面切割

单击左侧工具栏中"Edit"按钮，在弹出的工具栏中单击"Plane Cut"键，左侧扩展出有关平面切割参数的工具面板且对象周围出现一个切割平面，如图 5-51 所示；利用操纵器（按方向箭头可以移动平面位置，拖动弧形可以旋转平面）调整切割平面的位置，然后确认，如图 5-52 所示。最后得到图 5-53 所示对象。注意一点，蓝色方向箭头指向的模型部分，是切割的部分。

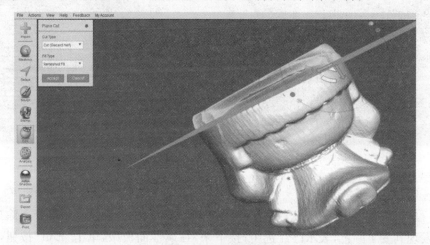

图 5-51　平面切割

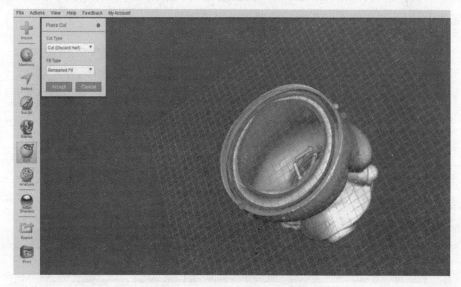

图 5-52　切割平面位置的调整

图 5-53　切割完成后的对象

（5）去除多余部分

单击工具栏中的"Select"工具,出现一个圆形笔刷,在模型多余部分上涂抹,会发现其变了颜色,表示已经选中;接下来,在属性面板中,单击"Edit"按钮,出现新的属性面板,单击"Discard"即可,如图 5-54 所示。由于该模型内部难以全部选中,因此所得图 5-55 所示模型需进一步修复。

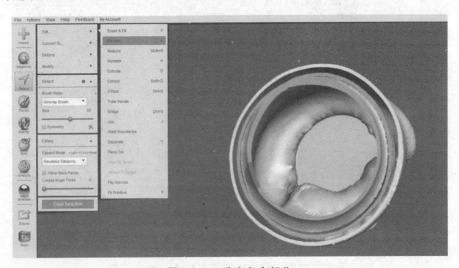

图 5-54　选中多余部分

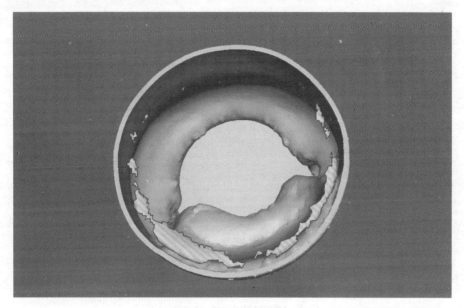

图 5 - 55　去除多余部分

　　单击左侧工具栏中"Analysis"按钮,在出现的属性面板中单击"Inspector",出现如图 5 - 56 所示界面,单击"Auto Repair All",对模型检查和修复其缺陷,最后得到如图 5 - 57 所示,去掉多余部分后的模型。

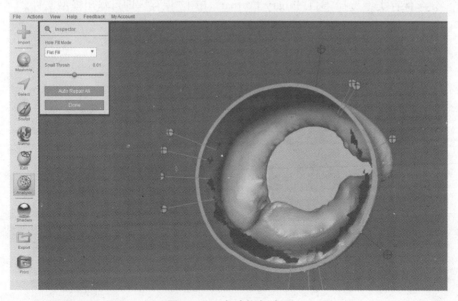

图 5 - 56　自动修复选项

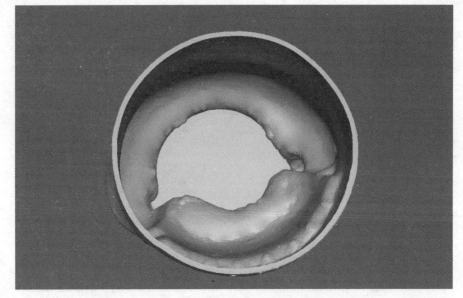

图 5-57 修复完成后的模型底面

（6）输出文件

修复完毕的模型如图 5-58 所示。单击左侧工具栏中的"Export"按钮，将会出现输出网格文件的对话框，如图 5-59 所示。选择好存储文件的路径，为文件起个名字，保存类型选择"STL Binary Format"，单击"保存"，即可输出模型文件。

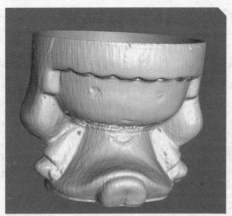

图 5-58 修复完成后的模型主视图

图 5 - 59　导出 STL 文件

1. 完成已部分缺损的实体零件的扫描，并导出 STL 文件。

2. 运用 Meshmixer 软件对扫描得到的 STL 文件进行后处理，导出更新后的 STL 文件。

3. 将扫描并后处理得到的 STL 文件，在 FDM 设备上打印并涂色，还原实体零件。

第六章 三维打印实训案例

6.1 正向设计:三维模型创建实验

6.1.1 实验目的

(1) 熟悉正向设计技术。
(2) 掌握典型的正向设计软件——SketchUp。

6.1.2 实验软件

SketchUp 软件。

6.1.3 实验内容

1. 三维打印流程图

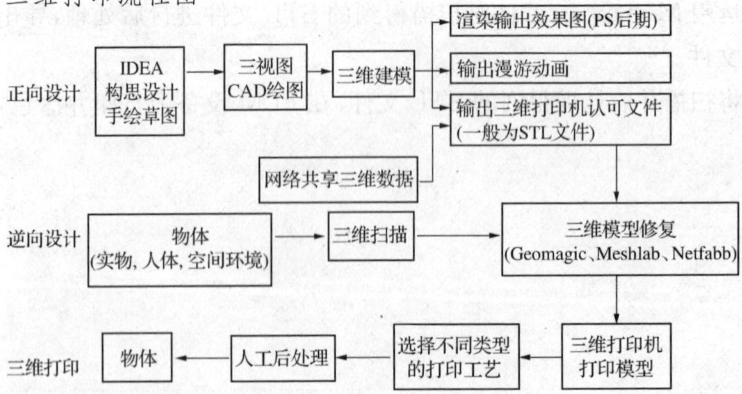

图 6-1 三维打印流程图

2. 正向设计技术及正向设计软件介绍

传统的产品设计过程通常是从概念设计到图纸绘制,再制造出产品的过程。设计人员首先根据市场需求分析产品的功能,并从产品功能入手提出相应的技术目标和技术要求,接着进行原理方案的确定,提出产品的总体结构设计,进而确定产品结构组成,结构设计人员对产品的各个部件进行二维设计草图的绘制、三维特征模型的建立,并进行实体特征建模,最终再经过一系列迭代的设计活动之后,完成新产品的设计。

正向三维建模在机械方面的应用软件有 PRO/E、SolidWorks、UG、Catia,在工艺造型方面的软件有 Rhino,在装潢方面有 3ds Max,在环艺方面有 SketchUp,在动画方面有 Maya、Softimage,在体感建模方面有 Freeform。

3. 正向设计软件:SketchUp

SketchUp 是电子设计中的铅笔,是草图大师,开发公司@Last Software 成立于 2000 年,Google 公司于 2006 年 3 月对其进行收购,SU 创建的 3D 模型可以放入 Google Earth 中,可以用于建筑、规划、装潢设计、户型设计、机械产品设计等。它的建模流程简单明了:画线成面,面后挤压成型。SketchUp 的优点概括起来有以下几点。

(1) 界面、命令简洁易操作,可以让设计师短期内掌握。

(2) 适用范围广阔,可广泛应用于建筑、规划、园林、景观、室内以及工具设计等领域。

(3) 方便的推拉功能。设计师通过一个平面图形就可以方便地生成三维几何体,无须进行复杂的三维建模。

(4) 能够快速生成任何位置的剖面。

(5) 与 AutoCAD、3ds Max 等软件结合使用,可快速导入和导出 DWG、JPG、3DS 等格式的文件,实现平面图、效果图、施工图的完美结合。

(6) 具有草稿、线稿、透视、渲染等不同显示模式。

(7) 能够准确方便地定位阴影和日照,设计师可以根据建筑物所在的地区和时间实时进行阴影和日照分析。

(8) 简便地进行空间尺寸和文字的标注,并且标注部分始终面向设计者。

4. SketchUp 建模实例——创建垃圾桶

下面以"创建垃圾桶"为例阐述 SketchUp 建模的基本步骤:

(1) 用"圆"工具绘制半径为 400 mm 的圆,然后用"推拉"工具推拉出

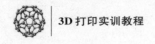

950 mm的高度；

（2）用"矩形"工具、"圆"工具以及"推拉"工具绘制出垃圾桶外围的木板，然后将其制作成组件；

（3）选择木板并激活"旋转"工具，将量角器的圆心放置到圆筒的圆心，并按住 ctrl 键旋转 20°后接着输入"17X"，复制出 17 份。

（4）完善垃圾桶的顶部，赋予材质后完成垃圾桶的创建。

5. SketchUp 软件的 STL 文件导出及模型修复

（1）STL 文件导出。

SketchUp 建模可以存储的格式有：Skp。SketchUp 建模可以导出的三维格式有：3DS，DAE，DWG，OBJ，FBX，DXF，WRL，XSI，KMZ。SketchUp 建模可以导出的二维格式有：PDF，EPS，BMP，JPG，TIF，PNG，EPX，DWG，DXF。

SketchUp 导出 STL 文件的方法：为 SketchUp 软件安装插件，可以直接导出 STL 格式；导出 3DS 格式的三维模型数据，用 MeshLab 修复软件转换。

（2）模型修复。

MeshLab 模型修复软件是一个开源、可移植、可扩展的系统，用于处理和非结构化编辑 3D 三角形网格。该系统发布于 2005 年年底，旨在提供一整套三维扫描、编辑、清洗、拼合、检查、呈现和转换网格数据的工具。

MeshLab 可以支持多种格式的输入/输出，具体如下。

导入：PLY，STL，OFF，OBJ，3DS，COLLADA，PTX，V3D，PTS，APTS，XYZ，GTS，TRI，ASC，X3D，X3DV，VRML，ALN。

输出：PLY，STL，OFF，OBJ，3DS，COLLADA，VRML，DXF，GTS，U3D，IDTF，X3D。

6.1.4 实验报告及思考

根据对三维建模流程的熟悉，思考并整理以下问题。

（1）整理三维正向建模的方法。

（2）学会用 SketchUp 软件进行三维模型建立并导出能打印的 STL 文件。

（3）设计练习：用三维正向建模的方法创建如图 6-2 所示的柜子。

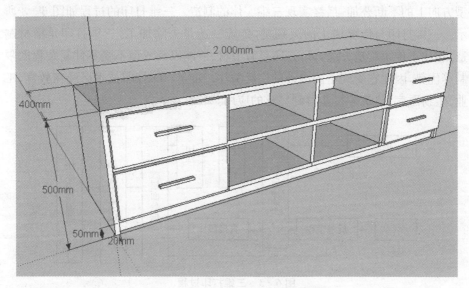

图 6 - 2　**SketchUp** 软件操作习题图

6.2　三维打印工艺的认识实验

6.2.1　实验目的

理解三维打印技术的基本原理,以及常见的三种打印工艺,通过现场参观,加深对三种成型工艺的理解。

6.2.2　实验仪器

1. HOFI X1 型桌面式三维打印机。
2. DOGO 580A 金属粉末三维打印机。
3. UV 24 光固化三维打印机。

6.2.3　实验内容

1. 讲解三维打印的原理以及与传统加工的区别

基本原理:3D 打印技术的本质原理是离散与堆积,即在计算机的辅助下,通过对实体模型进行切片处理,把三维实体的制造转换成二维层面的堆积和沿成型方向上的不断叠加,最终实现三维实体的制造。三维打印的过程如图 6-3 所示。三维打印与传统加工的区别是,传统制造是去除加工,三维打印是增材制造,相比于传统制造方法,3D 打印具有节材、节能以及成型不受零件复杂程度限制等优势,因此它受到了国内外的广泛关注。如今,3D 打印技术已经在教育、工业、生物医疗、建筑等行业得到广泛的应用。

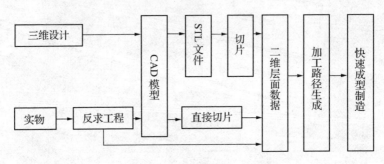

图 6-3 三维打印过程

2. 实验室现有的三种成型工艺的讲解

(1) 熔丝堆积成型

基本原理:利用热塑性材料的热熔性、黏结性,在计算机控制下层层堆积成型。如图 6-4 所示。

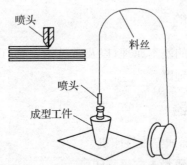

图 6-4 熔融挤压成型方法原理图

(2) 选择性激光粉末烧结成型

基本原理:利用粉末材料(非金属粉如蜡、工程塑料、尼龙等,金属粉如铁、钴、铬以及它们的合金)在激光照射下烧结的原理,在计算机控制下层层堆积成型。如图 6-5 所示。

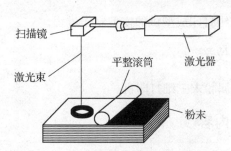

图 6-5 选择性激光烧结工艺原理图

（3）立体光固化成型

基本原理：光敏树脂材料在一定波长和强度的紫外激光照射下能迅速发生光聚合反应，分子量急剧增大，材料由液体转变成固态。如图 6-6 所示。

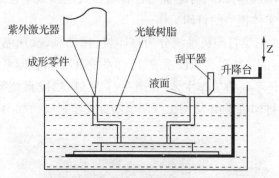

图 6-6 立体光固化成型工艺原理图

6.2.4　实验报告及思考

根据对三维打印设备的参观，思考并整理以下问题。

（1）简述常见的三种三维打印成型工艺。

（2）列举三种打印工艺的应用。

6.3　粉末三维打印成型实验

6.3.1　实验目的

（1）熟悉粉末三维打印成型机的结构。

(2) 掌握粉末三维打印成型机的模型制作过程。

6.3.2　实验仪器

DOGO 580A 金属粉末三维打印机。

6.3.3　实验内容

1. 认识 DOGO 580A 型粉末式三维打印系统的结构

DOGO 580A 三维打印机是基于三维打印(3DP)工艺的 3D 打印设备,采用粉末材料成型,如陶瓷粉末、金属粉末等,通过喷头用黏合剂将零件的截面"印刷"在材料粉末上面,层层叠加,从下到上,直到把一个零件的所有层打印完毕。它与计算机通过网线连接,只需配备一台普通台式电脑或笔记本电脑就可以完成各种复杂三维实体模型的打印工作。

DOGO 580A 三维打印机系统分为打印机、辅助系统、压缩机、后处理系统四大部分,其中辅助系统包含供胶系统、冷却系统、UV 灯控制系统。

(1) 打印机是系统的工作主体,在喷头、UV 灯、供胶系统等的配合下完成粉末打印工作。打印机采用 MARCO 压电陶瓷式喷射阀。如图 6-7 所示。

图 6-7　DOGO 580A 粉末三维打印机正视图

(2) 辅助系统是为打印机主体提供服务的系统,包括供胶系统、冷却系统和 UV 灯控制系统。如图 6-8 所示。

图6-8 辅助系统正视图

图6-9 压缩机视图

（3）压缩机采用回转式空气压缩机,为供胶系统和除粉系统提供气源。如图6-9所示。

（4）后处理系统用来帮助使用者进行初步除粉和清理零件的工作,后处理系统下面有粉末回收装置。

2. 零件的放置方位选择

（1）包含孔洞或中空特征的零件。

如果零件有孔洞或中空,把孔洞或中空部分向上放置,这有利于去除粉末,如图6-10所示。

（2）悬臂特征的零件放置。

零件的悬臂部位应该放置在左边,并尽可能地靠近基板。加工使用的高性能复合粉末材料,由于其颗粒度极细,因此具有很好的流动性。为提高零件的精度,在软件中可添加悬臂部位的支撑,如图6-11所示。

（3）圆柱形特征的零件放置。

对于圆柱形特征的零件,将其主轴平行于Z轴放置,可获得更好的精度。如在打印花瓶时,最好站立着放置,并且瓶口朝上,如图6-12所示。

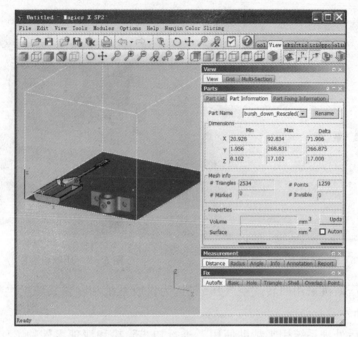

图 6 - 10　含孔洞的零件

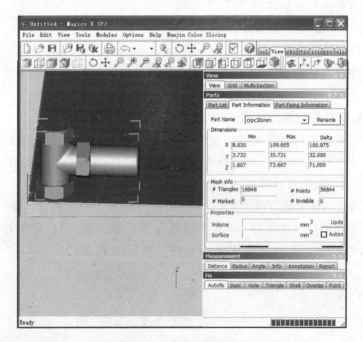

图 6 - 11　悬臂特征的零件

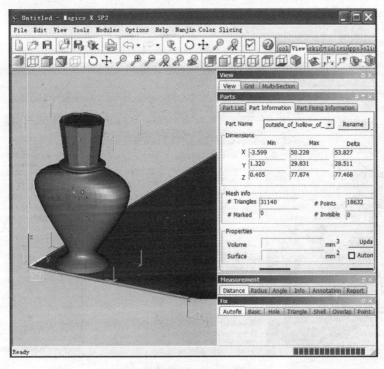

图 6‑12 圆柱形特征的零件

3. 粉末三维打印机的打印过程

（1）准备铺粉，在粉槽中加入打印所用的粉末，如图6‑13所示。

图 6‑13 准备铺粉

（2）打开或导入模型文件，并根据需要对模型进行方位的改变或比例的缩放定位，如图 6－14 所示。

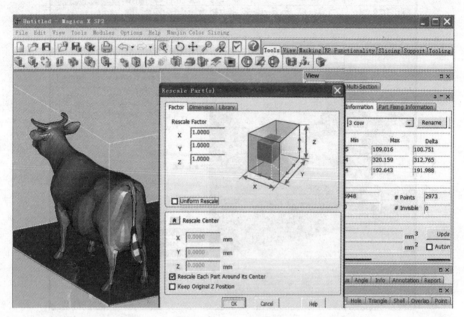

图 6－14　文件缩放

（3）进行切片（如图 6－15 所示）。

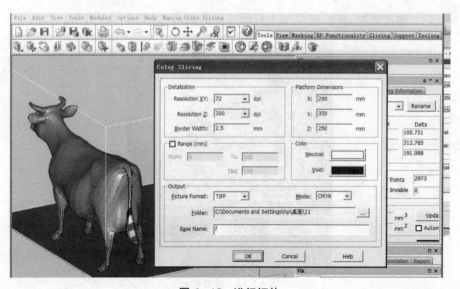

图 6－15　进行切片

（4）打印准备及开始打印（如图 6-16 所示）。

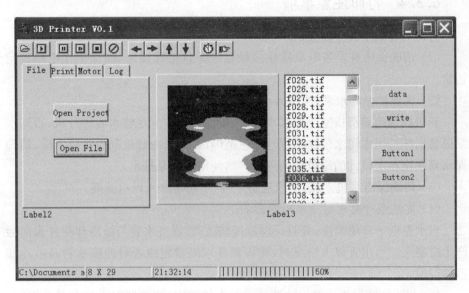

图 6-16　开始打印

（5）取出零件及后处理。

零件制作完毕后，检查一下零件的放置方位，去除零件表面的粉末，并将模型连同底板放在后处理机中，用泵吸出粉末，彻底去除零件表面的粉末，如图 6-17 所示。

图 6-17　用泵吸收多余粉末

图 6-18　喷固化剂

6.3.4 打印注意事项

打印时有如下需要注意的事项。

(1) 请确保所有设备电源插座接触良好并且地线接地,确保工作电压稳定正常。

(2) 为保护循环水泵,严禁无水运行。

新机器装箱前都排空了储水水箱,请确保水箱注入足够水后再开机,否则水泵极易损坏。当水箱水位在水位计绿色范围以下时,冷却机制冷量会下降,请确保水箱水位在水位计的绿色范围内。严禁使用循环泵排水。

(3) 请确保冷水机入风、出风通道顺畅,定期清洗入风口滤网。

(4) 需注意冷凝水对冷水机的影响。

当水温低于环境温度,并且环境湿度较大时,循环水管与被冷却器件表面会产生冷凝水。当出现以上情况时,建议调高水温设定或者对连接水管及被冷却器件保温。

(5) UV灯照射头放射出的紫外线对人体有害,请勿照射人体尤其是眼睛,使用时请佩戴 UVATA 保护镜。使用时及刚使用完设备时,照射头温度非常高,为避免烫伤,请注意不要触碰。

(6) 压缩机因断电停机时,为防止压缩机带压启动,再开机时应扳动压力开关断电手柄,将管路中的空气排净,再重新启动压缩机。

(7) 用户必须铺设压缩机保护接地线,保证压缩机所有金属外壳与大地良好的接触,接地电阻应符合国家标准。

(8) 压缩机发现严重漏气、异响、异味时要立即停止运行,查明原因排除故障,待恢复正常后再次运行。

(9) 空气压缩机为无油空压机,摩擦零件均有自润滑性,故千万不要加润滑油。

(10) 空气压缩机必须固定在通风、稳定及坚固的工作台面上,为减少噪音和震动,必须有减震装置。

(11) 滤清器中的过滤介质(泡沫海绵或毛毡)应每三个月清洁一次,吹净介质上的灰尘,必要时用水洗净,晾晒后再使用。

6.3.5 实验报告及思考

根据对粉末三维打印设备的打印流程的熟悉,思考并整理以下问题。

（1）DOGO 580A 型三维打印设备的打印流程。

（2）DOGO 580A 型三维打印设备的打印注意事项。

6.4　光固化三维打印成型实验

6.4.1　实验目的

（1）熟悉光固化三维打印成型机的结构。

（2）掌握光固化三维打印成型机的模型制作过程。

6.4.2　实验仪器

Objet24 光固化三维打印机。

6.4.3　实验内容

1. 认识 Objet24 光固化式三维打印系统的结构

光固化三维打印机主要用于复杂、高精度的实体模型或零件的快速打印成型，是一种根据数字化微滴喷射技术，将光敏树脂材料喷射到工作台面上，再用紫外光进行固化、逐层堆积的先进成型工艺。在该工艺中，零件是边由喷嘴喷出光敏树脂，边经过激光照射逐步堆积成型的，Objet24 结构图如图 6－19 所示。

图 6－19　Objet24 光固化三维打印机正视图

Objet24 光固化三维打印机的材料由打印材料和支撑材料组成,它们各有两瓶,分别装在打印机的右下角材料盒里,其位置如图 6-20 所示。

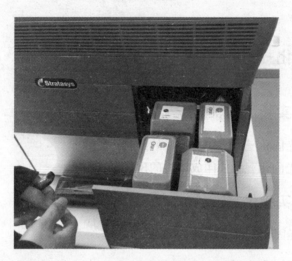

图 6-20 Objet24 光固化三维打印机材料盒

Objet24 光固化三维打印机和电脑主机连接时的接线情况如图 6-21 所示。

图 6-21 Objet24 光固化三维打印机主电源和开关接线

2. 熟悉光固化三维打印机的模型制作过程

(1) 首先设计出所需零件的三维模型,并存储为通用的 STL 格式文件。

(2) 打开 Objet Studio 软件,点击"Insert"按钮,选择 STL 或者 SLC 文件,插入模型。如图 6-22 所示。

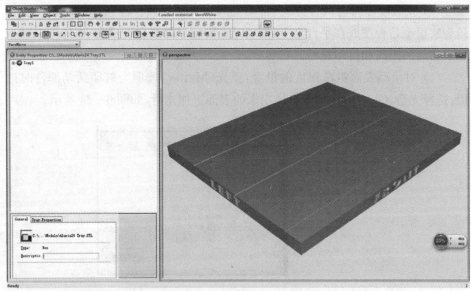

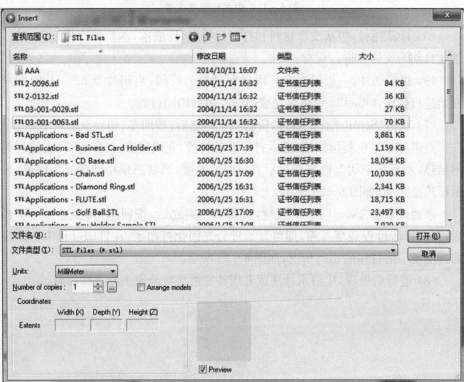

图 6 – 22　插入模型

（3）摆放模型时有两种方式：自动摆放和手动摆放。注意摆放时要切换视角观察模型是否摆放在平台之上，摆放时让模型尽可能靠近喷头，这样可以减少喷头移动的距离和打印耗时。

（4）对模型表面粗糙程度的设置：亚光（Matter）选项为打印活动部件时选用，选择光滑（Glossy）选项则打印出来的表面更加光滑，如图 6-23 所示。

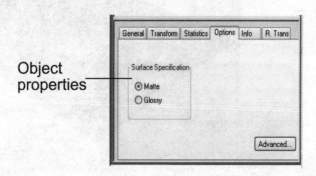

图 6-23　表面粗糙度设置

（5）计算耗材，包括支撑材料和打印材料，估计成本，然后保存模型，一般以创建日期为文件名进行保存。

（6）进行切片，一般要先有一段材料预热的时间，当切片至 3—4 片时即可开始进行打印，Objet24 设备可完成边切片边打印的过程。

（7）双击"Scroll Lock"按键，听到嘀一声之后，按回车，切换至另一个界面。

点击左边绿色圆形按钮，进入打印准备阶段，完成喷头、打印材料、支撑材料的预热，左上几个状态框分别显示其对应的温度，当状态框由蓝色变为绿色，表示预热已完成，如图 6-24 所示。

再通过双击"Scroll Lock"按键，听到嘀一声之后，按回车，切换至另一个界面，进入打印过程观察界面，即可开始进行光固化打印了，在打印过程中可以观察进度条了解打印的实时情况，如图 6-25 所示。

（8）进行后处理，用清水冲洗或者用特殊溶液浸泡来去除支撑材料。

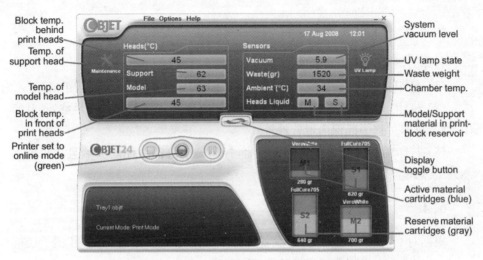

图 6-24 Objet 打印面板

停止 暂停 开始

显示当前打印任务

模型层数

打印开始与结束时间

打印使用材料克数

剩余材料

历史任务

图 6-25 打印进度条显示

6.4.4　打印注意事项

打印时需要注意如下事项。

（1）打印前先检查接线是否完好,确保主电源、开关、网线都连接正确。

（2）打印前要预估耗材的存量,检查打印材料和支撑材料是否足够,预计打印时间,打印过程中确保内置软件打开。

（3）打印前后用清水擦洗托盘表面,打印时电脑需关闭防火墙且防火墙不能处于休眠状态。

6.4.5　实验报告及思考

根据对 Objet24 光固化打印设备的打印流程的熟悉,思考并整理以下问题。

（1）Objet24 光固化打印设备的打印流程。

（2）Objet24 光固化打印设备的打印注意事项。

6.5　FDM 设备的拆装与维护

6.5.1　实验目的

为了使学生更好地熟悉 FDM 设备的工艺流程,掌握 FDM 设备的结构构造,并能熟练地对 FDM 设备进行拆装和维护,我们以 Einstart 设备为例来详细讲述 FDM 设备的拆装维护过程。

6.5.2　实验仪器

Einstart 设备,专用拆卸工具。

6.5.3　实验过程

6.5.3.1　拆机流程

要研究 FDM 设备的内部构造,首先要学会拆卸。下面给出具体的拆卸步骤。

（1）拧下四颗螺丝，拆掉亚克力面板，如图6-26所示。

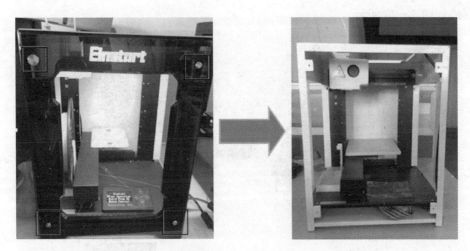

图6-26　拆除主面板

（2）拧下六颗螺丝，拆掉设备背面的后盖板，如图6-27所示。

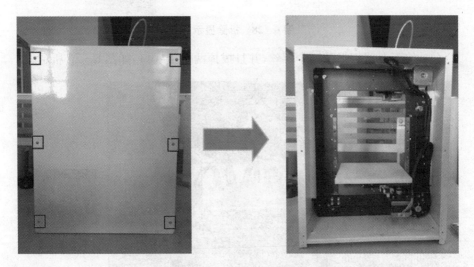

图6-27　拆除背面后盖板

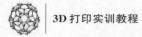

（3）拆掉带有显示屏的黑色底板，同时小心地拔掉排线，注意有字的一面朝外，如图 6 - 28 所示。

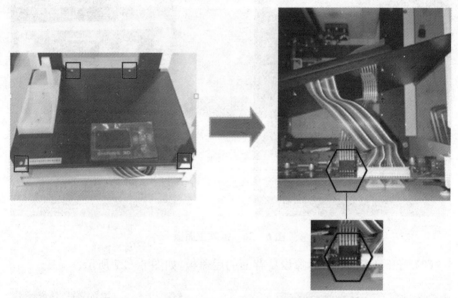

图 6 - 28　拆除显示屏

（4）拧下电路板上的四个螺丝，并且拔掉两个接线口，如图 6 - 29 所示。

图 6 - 29　拆除电路板

（5）拧下固定主架的两颗螺丝、白色底板下的四颗螺丝，同时拆下喷头保护壳，小心地拿出整个支架和电路板，如图 6－30 所示。

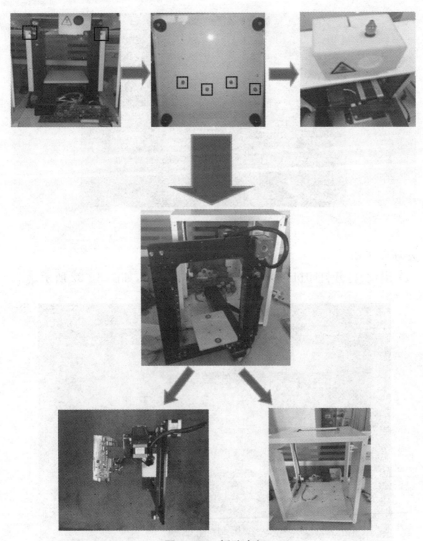

图 6－30　拆除支架

6.5.3.2　处理堵丝

FDM 设备如果操作不当，常常容易堵丝。下面我们分别就喷头内部堵丝和外部堵丝两种情况，详细说明如何处理堵丝问题。

1. 喷头外部堵丝

图 6 - 31 所示为喷头外部堵丝示意图。

图 6 - 31　外部堵丝示意图

处理办法如下。

(1) 退丝：打开打印机，选择退丝，将打印丝取出，如图 6 - 32 所示。

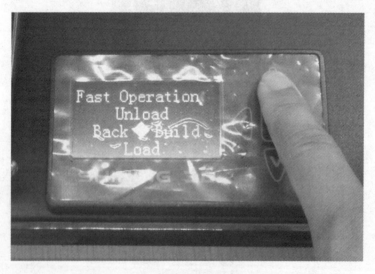

图 6 - 32　退丝操作

（2）取下喷头保护罩：取掉导丝软管和快插接头，拆除喷头保护装置，如图 6 - 33、图 6 - 34 所示。

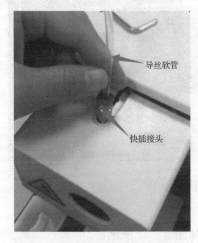

图 6 - 33　取导丝软管和快插接头

图 6 - 34　拆除喷头保护装置

（3）加热打印机喷头：选择进丝，加热打印机喷头，如图 6 - 35 所示。

图 6 - 35　进丝

（4）取下喷嘴保护罩：待丝块软化之后，取下喷嘴保护罩，如图 6-36 所示。

图 6-36　取喷嘴保护装置

（5）清理喷嘴，需佩戴手套，以免被烫伤，如图 6-37 所示。

图 6-37　清理喷嘴

(6) 进丝：安装打印丝，查看喷头进丝情况，如图 6-38 所示。

图 6-38 清理完成后，再次进丝

2. 喷头内部堵丝

打印丝卡在喷头里面，喷头无法正常进丝，吐丝不畅或发出异常声音，如图 6-39 所示。

图 6-39 内部堵丝示意图

处理方法如下。

（1）退丝并尝试重新进丝。

（2）拆掉喷头模块：如果进丝失败，就需关闭打印机，并拆掉整个喷头模块（详见第四章"打印喷头的拆卸"）。

（3）拆掉排热风扇：用十字螺丝刀将涡轮风扇上的两个螺丝取下，如图6－40所示。

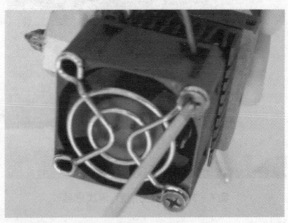

图 6－40　拆除排热风扇

（4）拆除散热铜片：用内六角螺丝刀拆掉散热铜片下方的两个螺丝，并取下白色的挡风装置，如图6－41所示。

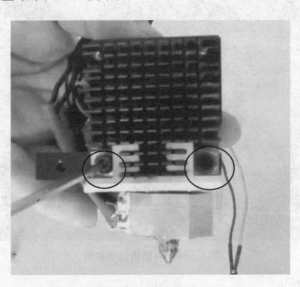

图 6－41　拆除散热铜片

（5）拆除进丝装置，如图 6-42 所示。

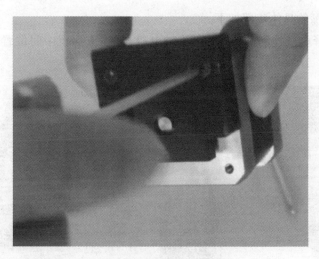

图 6-42 拆除进丝装置

（6）检查是否卡丝：检查是否有丝线卡在进丝齿轮中间。如果有东西，可加热喷头，用最细的螺丝刀将堵住的材料挤出来。疏通之后，再尝试进丝，如图 6-43 所示。

图 6-43 清理堵丝

6.5.3.3　更换喷嘴

更换喷嘴的具体步骤如下。

(1) 选择电机控制选项,选中 X 轴电机,把喷头移至中间位置,如图 6－44所示。

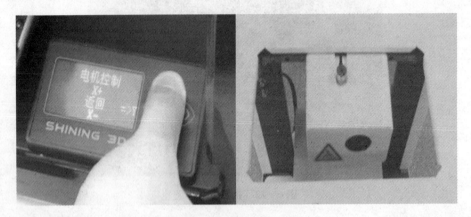

图 6－44　控制喷头位置

(2) 返回到快捷操作选项,选择加热进丝,喷嘴拆装必须在加热状态下进行,否则容易导致螺纹损坏,如图 6－45 所示。

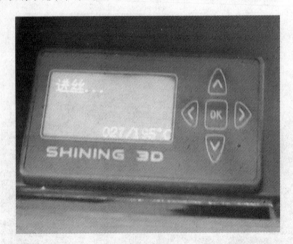

图 6－45　加热进丝

(3) 使用尖嘴钳拆除喷头罩壳,用内六角扳手拆除风道,如图 6－46、图 6－47 所示。

图 6‑46 拆除罩壳

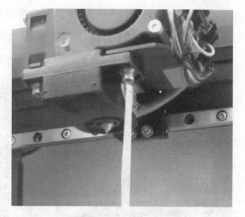

图 6‑47 拆除风道

（4）等待温度上升至150℃左右，取消进退丝动作，此时喷嘴加热块温度会在100℃左右，用尖嘴钳夹住喷嘴加热块，套筒扳手锁紧喷嘴，逆时针转动拆下喷嘴，如图 6‑48、图 6‑49、图 6‑50 所示。

图 6‑48 升温显示

图 6‑49 套筒扳手逆时针取喷嘴

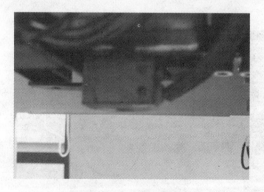

图 6‑50 取下喷嘴后

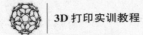

（5）更换新喷嘴后，加热，使喷嘴加热块温度保持到100℃以上，用手把喷嘴固定至加热块上，用尖嘴钳夹住喷嘴加热块，套筒扳手锁紧喷嘴，顺时针转动装上喷嘴，如图6－51、图6－52、图6－53所示。

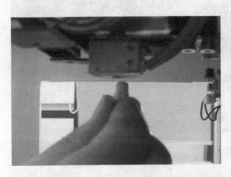

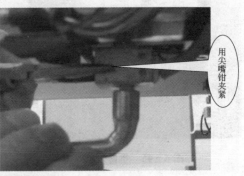

用尖嘴钳夹紧

图6－51　更换新喷嘴　　　　　图6－52　套筒扳手顺时针装上喷嘴

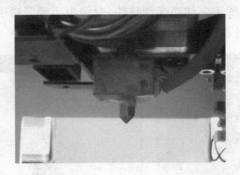

图6－53　新喷嘴安装完成

（6）安装风道和喷头罩壳，加热进丝，如图6－54、图6－55、图6－56、图6－57所示。

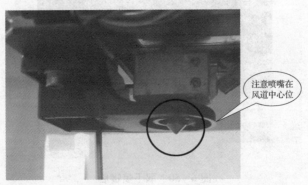

注意喷嘴在风道中心位

图6－54　安装风道

图 6 - 55　安装喷头罩壳

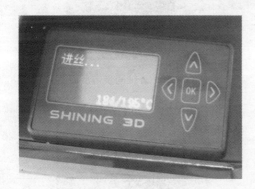

图 6 - 56　加热进丝

图 6 - 57　正常进丝

6.5.3.4　更换同步带

在 3D 打印机安装过程中，X 轴、Y 轴、Z 轴的同步带不能太过松散，如果太过松散了，需要进行张紧。打印机运转一定时间后同步带会再次松弛，为了保证同步带的能力，必须重新张紧，才能正常工作。同步带在使用一段时间后，可能会磨损，这时候就需要更换同步带。X 轴、Y 轴、Z 轴的同步带拆装更换步骤是一样的，下面仅以 Z 轴同步带的更换为例介绍。

如图 6 - 58 及图 6 - 59 所示分别为 Z 轴同步带的正面显示图和反面显示图，图 6 - 60 画圈部分为 Z 轴同步带轮轴承固定件，若使用如图 6 - 61 所示的 2.5 mm 内六角扳手，拧开图 6 - 59 的画圈部分的两颗固定螺丝，就可以拆下 Z 轴同步带固定件，固定件如图 6 - 62 所示，那么 Z 轴同步带就可以拆下进行更换了。

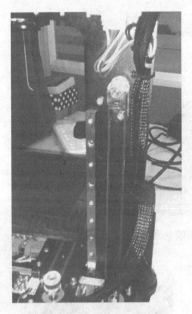

图 6-58 Z 轴同步带正面图

图 6-59 Z 轴同步带反面图

图 6-60 Z 轴同步带轮轴承固定件

图 6-61 2.5 mm 内六角扳手

图 6‑62 Z轴同步带固定件

6.5.4 实验报告及思考

根据对 Einstart 设备的拆卸过程的熟悉,完成以下问题。

(1) 按照拆卸的逆过程,对实验过程中拆下的组件进行分组重装,并整理组装过程。

(2) 通过对按照指导书要求进行的拆卸过程的总结,整理拆卸过程注意事项及收获心得。